中国地质大学(武汉)实验教学系列教材
中国地质大学(武汉)实验技术研究项目资助

矿床学实习指导书

孙华山　何谋春　杨　振　编著

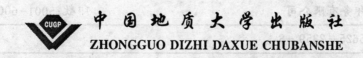
ZHONGGUO DIZHI DAXUE CHUBANSHE

图书在版编目(CIP)数据

矿床学实习指导书/孙华山,何谋春,杨振编著.—武汉:中国地质大学出版社,2009.10
[中国地质大学(武汉)实验教学系列教材]（2017.7重印）
ISBN 978-7-5625-2359-8

Ⅰ.矿…
Ⅱ.①孙…②何…③杨…
Ⅲ.采矿地质学-实习-高等学校-教学参考资料
Ⅳ.P61-45

中国版本图书馆 CIP 数据核字(2009)第 094965 号

矿床学实习指导书		孙华山　何谋春　杨　振　编著
责任编辑:张　琰		责任校对:林　泉

出版发行:中国地质大学出版社(武汉市洪山区鲁磨路388号)	邮政编码:430074
电　　话:(027)67883511　　传真:67883580	E-mail:cbb@cug.edu.cn
经　　销:全国新华书店	http://www.cugp.cn
开本:787毫米×1092毫米 1/16	字数:326千字　印张:12.75
版次:2009年10月第1版	印次:2017年7月第5次印刷
印刷:武汉珞南印务有限公司	印数:5001—6000册
ISBN 978-7-5625-2359-8	定价:20.00元

如有印装质量问题请与印刷厂联系调换

中国地质大学(武汉)实验教学系列教材

编委会名单

主　任：成金华

副主任：向　东　杨　伦

编委会成员：(以姓氏笔划排序)

　　　王广君　王　莉　李　珍　李鹏飞　陈　凤
　　　吴　立　杨坤光　卓成刚　周顺平　饶建华
　　　段平忠　胡祥云　夏庆霖　梁　杏　梁　志
　　　程永进　董　范　曾健友　薛秦芳　戴光明

选题策划：

　　　梁　志　毕克成　郭金楠　赵颖弘　王凤林

前 言

矿床学实习课是矿床学不可缺少的实践性教学环节。其目的在于使学生理论联系实际,进一步理解和掌握矿床学的基本知识、基本理论和矿床地质研究的一些基本技能,培养学生综合分析问题的能力。

本实习指导书选用了40个典型矿床的实习资料供教师根据不同专业要求选择使用。对每一个实习矿床,列出了其产出的大地构造位置、区域地质特征、矿区地质和矿床特征,有的还提供了典型的矿石结构构造照片。在资料提供的基础上,每个实习单元,针对实习目的要求,设计了不同内容的实习思考题和实习作业,以便在教师启发下,使学生逐步提高认识问题和分析问题的能力。

实习指导书内容的先后次序及矿床成因类型划分与全国高等学校统编教材《矿床学》(袁见齐、朱上庆、翟裕生主编,地质出版社1985版)相一致。

本实习指导书是在矿床实习指导书基础上编写的。编写前,参加精品课程建设的所有教师认真进行了讨论。中国地质大学(武汉)资源学院高怀忠、赵永鑫、王苹、吕新彪老师对本次修订工作提出了很多建设性的意见和要求,并提供了各自多年来教学过程中积累的丰富教学资料,成文之后,对内容进行了全面审议。本实习指导书在编写过程中,引用了许多前人有关典型矿床研究的文字资料和图表等,文中列出了部分被引用资料的作者姓名和资料发表的时间,但仍然有部分资料因出处不详,未能列出,在此表示歉意,并深表谢忱。

本实习指导书由中国地质大学(武汉)资源学院资源科学与工程系孙华山、何谋春、杨振三位教师修编完成。其中,孙华山负责前言、第一、二、三、四、五、六、十二、十三单元的修编及统稿工作;何谋春负责第七、八、九、十、十一单元的修编工作;杨振负责全书的图件制做与文字校订工作;全书最后由孙华山统一定稿。

由于时间仓促及编者水平有限,书中可能有不少错误,望读者批评指正。

编著者
2009 年 3 月

目 录

实习单元一　矿石的概念 ……………………………………………………… (1)
　　一、实习内容 ……………………………………………………………………… (1)
　　二、矿石分类或命名的方法 ……………………………………………………… (1)
　　三、常见的矿石结构构造 ………………………………………………………… (2)
　　四、矿石观察描述实例 …………………………………………………………… (3)

实习单元二　岩浆矿床 ………………………………………………………… (4)
　　一、实习内容 ……………………………………………………………………… (4)
　　二、河北承德大庙钒钛磁铁矿矿床 ……………………………………………… (5)
　　三、四川攀枝花钒钛磁铁矿矿床 ………………………………………………… (7)
　　四、西藏罗布莎铬铁矿矿床 ……………………………………………………… (13)
　　五、金川铜镍硫化物矿床 ………………………………………………………… (17)
　　六、四川力马河铜镍硫化物矿床 ………………………………………………… (24)
　　七、山东蒙阴金刚石矿床 ………………………………………………………… (26)

实习单元三　伟晶岩矿床 ……………………………………………………… (29)
　　一、实习内容 ……………………………………………………………………… (29)
　　二、可可托海含稀有金属花岗伟晶岩矿床 ……………………………………… (29)
　　三、辽宁海城伟晶岩矿床 ………………………………………………………… (33)

实习单元四　接触交代矿床 …………………………………………………… (35)
　　一、实习内容 ……………………………………………………………………… (35)
　　二、湖北大冶铁山铁（铜）矿床 ………………………………………………… (36)
　　三、安徽铜陵铜官山铜矿床 ……………………………………………………… (40)
　　四、辽宁锦西杨家杖子钼矿床 …………………………………………………… (44)

实习单元五　热液矿床 ………………………………………………………… (47)
　　一、实习内容 ……………………………………………………………………… (47)
　　二、江西大庾西华山钨矿床 ……………………………………………………… (48)
　　三、山东胶东金矿床 ……………………………………………………………… (52)
　　四、湖南桃林铅锌矿床 …………………………………………………………… (57)
　　五、贵州万山汞矿床 ……………………………………………………………… (63)

Ⅲ

六、贵州贞丰水银洞金矿床……………………………………………………………(70)
　　七、云南金顶铅锌矿床……………………………………………………………(78)

实习单元六　火山成因矿床……………………………………………………………(85)
　　一、实习内容……………………………………………………………………………(85)
　　二、江西德兴铜厂斑岩铜矿床……………………………………………………(86)
　　三、江苏凹山玢岩型铁矿床………………………………………………………(91)
　　四、甘肃白银厂黄铁矿型铜矿床…………………………………………………(95)
　　五、福建紫金山金铜矿床…………………………………………………………(99)
　　六、新疆阿舍勒铜矿床……………………………………………………………(109)
　　七、青海锡铁山铅锌矿床…………………………………………………………(117)

实习单元七　风化矿床…………………………………………………………………(121)
　　一、实习内容……………………………………………………………………………(121)
　　二、江西星子高岭土矿床…………………………………………………………(122)
　　三、广西平果铝土矿矿床…………………………………………………………(125)
　　四、甘肃白银厂铜矿床……………………………………………………………(130)

实习单元八　机械沉积矿床……………………………………………………………(131)
　　一、实习内容……………………………………………………………………………(131)
　　二、山东荣城滨海砂矿……………………………………………………………(131)
　　三、富贺钟砂锡矿床………………………………………………………………(134)

实习单元九　蒸发沉积矿床……………………………………………………………(137)
　　一、实习内容……………………………………………………………………………(137)
　　二、山西临汾石膏矿床……………………………………………………………(138)
　　三、湖北应城膏盐矿床……………………………………………………………(142)
　　四、青海察尔汗盐湖钾盐矿床……………………………………………………(145)

实习单元十　胶体化学沉积矿床………………………………………………………(149)
　　一、实习内容……………………………………………………………………………(149)
　　二、庞家堡铁矿床…………………………………………………………………(150)
　　三、瓦房子锰矿床…………………………………………………………………(154)
　　四、河南巩县铝土矿矿床…………………………………………………………(157)

实习单元十一　生物化学沉积矿床……………………………………………………(159)
　　一、实习内容……………………………………………………………………………(159)
　　二、云南昆阳磷块岩矿床…………………………………………………………(160)
　　三、湖北荆襄磷矿床………………………………………………………………(163)

实习单元十二 变质矿床 ·· (166)

　　一、实习内容 ·· (166)

　　二、辽宁弓长岭铁矿床 ·· (166)

　　三、江苏锦屏磷矿床 ··· (170)

　　四、湖南鲁塘石墨矿床 ·· (173)

实习单元十三 层控矿床 ·· (176)

　　一、实习内容 ·· (176)

　　二、云南郝家河铜矿床 ·· (176)

　　三、广东马口硫铁矿矿床 ··· (181)

附录一 主要矿石质量要求(据一般矿产工业指标参考资料) ·················· (186)

附录二 主要矿产规模要求(据《矿产工业要求参考手册》) ···················· (190)

参考文献 ·· (192)

实习单元一　矿石的概念

一、实习内容

(一)目的要求

(1)正确理解并掌握矿石的概念。
(2)学会观察和描述矿石的方法。
(3)学会目估矿石品位的方法。

(二)实习资料

矿石手标本包括：
(1)铁矿石；(2)铜矿石；(3)钼矿石；(4)钨矿石；(5)汞矿石；(6)萤石矿石；(7)铅锌矿石。

(三)实习指导

(1)熟悉矿石分类或命名的方法。
(2)熟悉几种常见的矿石结构构造。
(3)矿石观察和描述实例。

(四)实习作业

描述一块矿石标本并附矿石素描图。

(五)思考题

(1)矿石与岩石有何异同？
(2)"矿石矿物就是金属矿物、脉石矿物就是非金属矿物"这种认识是否正确？为什么？
(3)岩石的块状构造与矿石的块状构造有什么不同？
(4)矿石、矿体、矿床、围岩、母岩、夹石的相互关系如何？试用图表示。
(5)研究矿石有什么意义？

二、矿石分类或命名的方法

矿石可按不同的内容进行分类：
(1)按矿石中有用矿物的工业性能可分为金属矿石(如铁矿石、铜矿石、钼矿石等)和非金属矿石(如萤石矿石、石棉矿石等)。

(2)按矿石中所含有用矿物或金属元素的多少可分为简单矿石(如钨矿石、汞矿石等)和综合矿石(如铅锌矿石、钨锡矿石等)。

(3)按矿石中有用成分含量的多少可分为贫矿石(如条带状贫磁铁矿矿石,含铁30%左右)和富矿石(致密块状磁铁矿矿石,含铁60%左右)。

(4)按矿石的结构构造可分为致密块状矿石、浸染状矿石、条带状矿石、角砾状矿石等等。

(5)按矿石受风化程度不同可分为原生矿石、氧化矿石和混合矿石。

三、常见的矿石结构构造

(一)矿石构造

矿石构造是指组成矿石的矿物集合体的特点,即矿物集合体的形态、相对大小及其空间相互的结合关系等所反映的形态特征。

(1)块状构造:有用矿物含量占80%以上,矿物集合体为不定形状、分布无方向性且结合紧密,无空洞。

(2)浸染状构造:在脉石矿物基质中有30%以下矿石矿物集合体,粒径一般小于0.5cm,它们呈星点状较均匀地散布于矿石中。当矿石矿物含量大于30%时称稠密浸染状构造。

(3)斑点状构造:矿石矿物集合体呈近等轴状斑点,斑点大小较均匀,粒径多数可达0.5cm,分布较均匀且无方向性称斑点状构造。当斑点形状不规则,大小不一,且分布不均匀时,称斑杂状构造。

(4)条带状构造:由不同成分或成分相同而颜色不同,或结构不同的矿物集合体在一个方向,彼此相间分布构成条带。

(5)角砾状构造:一种或多种矿物集合体构成角砾,被一种或多种矿物集合体胶结。

(6)晶洞状构造:在矿石或围岩的空洞内,生长具有一定晶形的矿物集合体(矿物一般垂直裂隙或空洞壁生长),保留有部分空洞称晶洞状构造。洞内的矿物晶体群称为晶簇。

(二)矿石结构

矿石结构是指矿石中矿物颗粒的特点,即矿物颗粒的形态、相对大小及其空间相互的结合关系等所反映的形态特征。也包括矿物颗粒与矿物集合体的结合关系所反映的形态特征。

(1)自形结构:矿物颗粒在结晶充分的条件下,按其生长习性形成相对完整的晶体形态。

(2)他形结构:矿物颗粒在结晶条件较差条件下或受到外部条件干扰,不能按其结晶习性生长,呈不规则状或异常晶体形态出现。

(3)包含结构:一种矿物整体地被包含在另一种矿物之中。

(4)交代残余结构:一种矿物被另一种矿物所取代,致使早期被交代矿物呈不规则状残余矿物存在。

(5)固溶体分解结构:早期温度较高条件下呈一相结晶的矿物,随着温度的下降分离为互不混溶的两相,晚期分离出的矿物常呈乳滴状分布在早期形成的矿物之中,故也称乳滴状结构。

(6)填隙结构:晚期形成的矿物沿早期形成矿物的粒间或晶体内部的裂隙充填,呈不规则状分布(有别于他形结构)。

(7)脉状穿插结构:晚期形成的矿物沿切穿矿物的裂隙充填,形成穿插矿物的细脉(与填隙结构有别)。

(8)网脉状结构:晚期形成的矿物沿切穿早期矿物的网脉分布。

四、矿石观察描述实例

(1)观察矿石应首先认识矿物,然后区分出哪些是矿石矿物,哪些是脉石矿物。要注意观察矿物的形态、空间分布及矿物的共生关系。

(2)确定矿石目估品位时,首先目估矿石矿物的百分含量,再查出矿石矿物的化学组成中有用元素的百分含量,然后按以下公式进行计算:

目估品位=有用矿物目估百分含量×矿石矿物中有用组分的百分含量。

(3)绘制矿石(平面)素描图一定要有图名、图例、图例注释、比例尺。

(4)实例:对矿石的描述可参考以下矿石描述实例(图1-1):

矿石名称:辽宁夹山铜矿石。

矿石矿物:黄铜矿无明显晶形,矿物集合体呈不规则块状分布在块状石英与栉状石英之间,约占25%。

脉石矿物:石英有两种:一种具有柱状晶形,晶体平行排列,集中在脉的边部,长轴与脉壁垂直,形成栉状;另一种分布在矿石中部,灰白色,致密块状,无晶形,与黄铜矿界线很不规则。黄铁矿矿脉及围岩中皆有,含量不多。在脉内多分布在栉状石英的顶尖部,与黄铜矿共生。在围岩中呈小立方体晶形,浸染状分布。

除上述矿物外,矿石中还可见蚀变了的闪长岩碎块,呈长条状,轮廓清楚。岩石为灰棕色,细粒,结构致密。

矿石构造:黄铜矿与石英构成矿脉,与围岩界线清楚,可见脉壁,为脉状构造。脉中矿物成分呈简单的对称带状。

矿石中铜的目估品位=(0.25×34.57)%=8.6%,为富矿石。

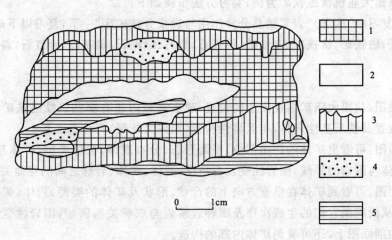

图1-1 铜矿石素描图
1. 黄铜矿;2. 石英;3. 栉状石英;4. 黄铁矿;5. 蚀变闪长岩

实习单元二　岩浆矿床

一、实习内容

(一)目的要求

通过实习进一步理解、掌握以下内容：
(1)岩浆矿床形成与大地构造背景的关系。
(2)岩浆矿床形成与岩浆岩岩性、岩相的关系，成岩成矿在时间、空间、物质成分上的一致性，加深岩浆岩成矿专属性概念的理解。尤其应当意识到在岩浆矿床的找矿工作中，加强岩体研究的重要性。
(3)掌握岩浆矿床的主要成矿作用及其矿床的主要特征。

(二)典型矿床实习资料

(1)河北承德大庙钒钛磁铁矿矿床；　　(2)四川攀枝花钒钛磁铁矿矿床；
(3)西藏罗布莎铬铁矿矿床；　　　　　(4)金川铜镍硫化物矿床；
(5)四川力马河铜镍硫化物矿床；　　　(6)山东阴蒙金刚石矿床。

(三)实习指导

以河北承德大庙钒钛磁铁矿为例，实习方法步骤如下：
(1)课前复习《矿床学》"岩浆结晶分异作用与岩浆分结矿床"一节，复习以下矿物和岩石的主要鉴定特征：磁铁矿、钛铁矿、赤铁矿、斜长石、辉石、绿泥石、磷灰石，金红石，斜长岩、辉长岩等。
(2)读图：
区域地质图：找出大庙矿区在图上的位置，观察区域内还有哪些钒钛磁铁矿床，注意这些矿床的分布位置及铁质基性岩体，与区域性构造(如深大断裂)有什么关系？
矿区地质图：可看出矿体的产出部位、平面形态、分布规律，矿体类型，矿体与构造和岩浆岩的关系，矿体与围岩的界线，围岩蚀变发育情况，岩体、矿体、岩脉之间的穿插关系等。
地质剖面图：可看到矿体在垂直方向上的产状、形状及矿体的类型，岩体、矿体、岩脉之间的穿插关系，从而判断它们的生成次序及哪种岩浆岩与成矿关系密切，围岩蚀变发育情况；在较大比例尺的剖面图上，还可看到矿体内部的构造。
(3)观察标本：手标本有岩石标本和矿石标本。岩石标本的观察描述同"岩石学"；矿石标本的观察描述同实习单元一。对矿石标本的观察还要注意区分矿石类型；观察浸染状矿石的海绵陨铁结构并联系其成因意义；观察致密块状矿石的固溶体分离结构并联系其成因意义。

(4) 镜下观察矿石光片,重点是矿石的结构。

(5) 把标本观察与图件观察联系起来,尽可能找出标本在图上的位置。注意有两类矿体,对比它们产状、形状、矿石结构构造上的差异,并进一步分析其成因。

(6) 把对实验资料的观察和分析按老师布置的实习作业加以整理,编写实习报告。

(四) 思考题

(1) 岩浆矿床的共同特征是什么?

(2) 岩浆成岩作用与岩浆成矿作用有什么联系和区别?

(3) 区分早期岩浆矿床、晚期岩浆矿床和岩浆熔离矿床的主要标志是什么?

(4) 在野外对岩浆矿床应如何开展找矿工作?

(五) 实习作业

以某一实习矿床为例,回答如下几个方面的问题:

(1) 说明岩浆矿床产出的大地构造位置。

(2) 说明成矿与岩浆岩和构造的关系。

(3) 描述矿体的形态、产状及围岩蚀变特点。

(4) 描述矿石的物质成分及结构构造特征并目估品位。

(5) 分析矿床成因。

二、河北承德大庙钒钛磁铁矿矿床

位于河北省承德市北30km,是我国北方最大的含钒钛铁矿-磁铁矿矿床。

(一) 矿区地质概况

1. 地层和构造

矿区位于内蒙地轴东端,处在受东西向宣化—承德—北票深断裂控制的基性-超基性岩带内。区内广泛分布前震旦纪变质岩系,主要有角闪斜长片麻岩、角闪片麻岩、黑云母斜长片麻岩、混合花岗岩等,其上局部被侏罗—白垩纪沉积岩和火山岩及第四纪沉积物覆盖(图2-1)。

2. 岩浆岩

区内以辉长岩和斜长岩分布最广,亦有大面积中生代花岗岩出露(图2-2)。

辉长岩、斜长岩与成矿关系密切,侵入于前震旦纪地层中。斜长岩出露在矿区西南部,包括绿泥石化斜长岩,矿染绿泥石化斜长岩,呈NNE向产出。岩石呈白色到灰白色,主要矿物成分为斜长石(80%),副矿物有磷灰石、磁铁矿、钛铁矿等。中至粗粒结构,块状构造。辉长岩出露在矿区东部,近SN向分布。岩石主要由辉石和斜长石组成,还有星点状分布的磁铁矿及绿泥石化现象。

(二) 矿床特征

1. 矿体特征

矿体主要产在斜长岩和矿染辉长岩中以及两类岩石的接触带上,受NNE向构造裂隙控

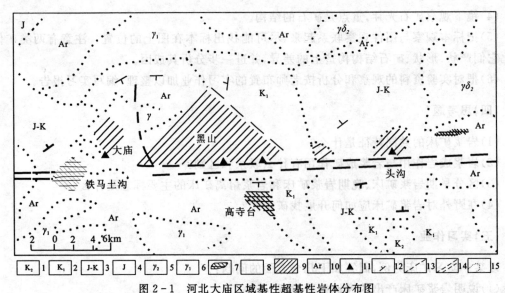

图 2-1 河北大庙区域基性超基性岩体分布图

1. 粗面岩；2. 砾岩；3. 火山岩；4. 煤系；5. 花岗闪长岩；6. 老花岗岩；7. 苏长岩-辉长岩；8. 斜长岩；
9. 超基性岩；10. 变质岩；11. 矿床或矿点；12. 岩层产状；13. 断层；14. 深大断层；15. 地质界线

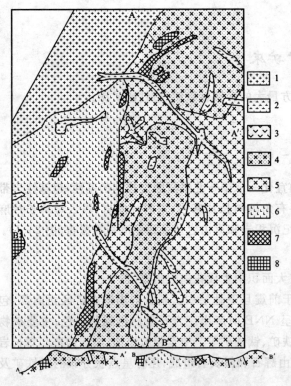

图 2-2 大庙矿区地质图及剖面图

1. 细粒花岗岩；2. 中性脉岩；3. 细粒辉长岩；4. 矿染辉长岩；
5. 绿泥石化辉长岩；6. 斜长岩；7. 贫矿；8. 富矿

制，共有 40 余个。主要矿体长达数百米，最大宽度大于 100m，最大延深可达 750m。在地表，单个矿体不相连，在深部往往几个矿体连成一个较大的矿体，与围岩界线清楚，呈脉状，倾角陡，向下延深几百米逐渐尖灭。此类矿体有较大工业意义。产于辉长岩中的矿体主要由浸染状矿石组成，与围岩界线不清，产状与岩体原生流面构造一致。有用矿物浸染密度在矿体内有变化，由底部向上为稠密浸染状矿石-稀疏浸染矿石-矿染围岩。此类矿体为贫矿，工业意义次要（图 2-2、图 2-3）。

2. 矿石类型及矿石物质成分

致密块状矿石：金属矿物主要有磁铁矿、钛铁矿和少量黄铁矿。非金属矿物很少，主要是辉石。块状构造，固溶体分离结构，钛铁矿（铅灰色）以固溶体分离方式嵌布于磁铁矿中。

斑点状矿石：金属矿物有磁铁矿，分布零星，含少量黄铁矿。非金属矿物为斜长石和辉石，已全部或部分绿泥石化。斑点状构造，海绵陨铁结构。本类矿石含磷灰石较多，可综合利用。

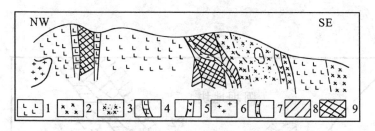

图 2-3 大庙钒钛磁铁矿矿床综合剖面示意图
1. 斜长岩；2. 绿泥石化辉长岩；3. 矿染辉长岩；4. 绿泥石化斜长岩；
5. 细粒辉长岩脉；6. 细粒花岗岩；7. 中性脉岩；8. 浸染状矿体；9. 贯入式富矿体

矿石中还含有钪，未见独立矿物，以类质同象存在于磁铁矿中。

三、四川攀枝花钒钛磁铁矿矿床

位于四川省渡口市东北 12km 处。储量近百亿吨，是我国最大的岩浆型钒钛磁铁矿矿床。渡口市是我国西南地区最大的钢铁冶金联合企业所在地（图 2-4）。

(一)区域地质概况

区内最古老的地层为上震旦系。分两层，下部是蛇纹石化大理岩；上部是透辉岩和透辉石大理岩互层。上三叠纪地层在本区最发育，分布在矿区北部和西北部，其底部是紫红色砂砾岩；上部为灰绿色砂岩与黑色砂页岩互层，含煤。老第三系紫红色砂砾岩呈水平或近水平，不整合覆于老地层之上（图 2-5）。

含矿岩体位于康滇地轴中段西缘的安宁河深大断裂带中，受安宁河深大断裂次一级 NE 向断裂控制。岩体呈 NE30°方向延展，长 35km，宽 2km，与震旦纪地层整合接触。向北西倾斜，呈单斜状（实为务本-攀枝花岩盆状岩体的东南部分）。岩体内部层状构造明显，不同成分矿物构成的浅色岩与暗色岩相互更叠交替，层之间为过渡关系。原生层状构造与围岩产状一致，硅酸盐矿物均作线状平行排列。

岩体自上而下分为 5 个相带
(1)顶部浅色层状辉长岩带：厚 500～1 000m，浅色矿物含量一般大于 50%；含稀疏的暗色矿物条带，偶尔为铁、钛氧化物条带。该岩带顶部与三叠系或正长岩呈断层接触。
(2)上部含矿带：厚 10～120m，以含铁辉长岩为主，夹有稀疏浸染状矿石。含磷灰石丰富，达 5%～20%，并有较多的辉石集中，可作标志层。在底部有时可见厚约 3m 的斜长岩层。
(3)下部暗色层状辉长岩带：暗色矿物含量一般大于 50%，构成密集条带，并夹有含铁辉长岩薄层及钒钛磁铁条带。总厚度 166～600m，与底部含矿层呈过渡关系。
(4)底部含矿层：厚 60～500m，为主要含矿层。由各种类型钒钛磁铁矿矿石组成，夹有层状暗色辉长岩。
(5)边缘带：以暗色细粒辉长岩为主，厚度变化大，10～300m。顶部往往有数米厚的橄榄岩及橄辉岩层，底部与大理岩接触带常变质为角闪片岩（图 2-6）。

岩体内各岩相带、矿带、铁矿层产状均与原生层状构造产状一致，大体走向 NE60°，倾向 NW，倾角较陡。岩石化学特征（表 2-1）。

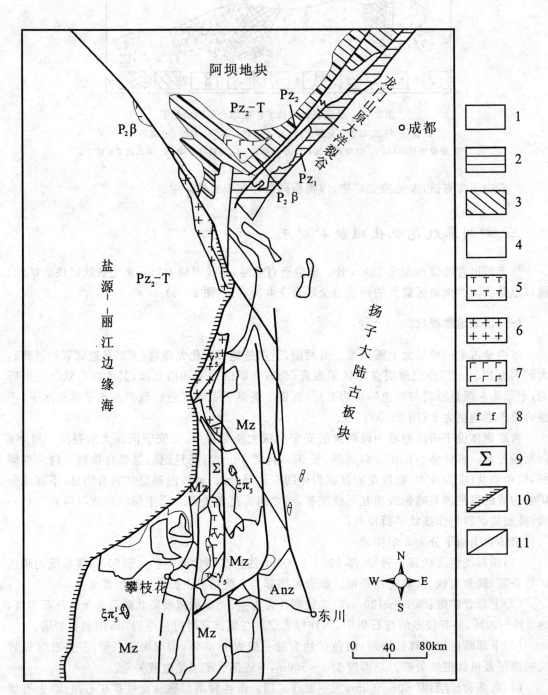

图 2-4 康滇大陆古裂谷带构造-岩浆岩略图

1. 中生界;2. 早古生界 Pz_1;3. 晚古生界 Pz_2;4. 前震旦纪;5. 燕山期正长斑岩;
6. 燕山期花岗岩;7. 印支期花岗岩;8. 印支期碱性超基性岩;9. 加里东期小型超基性岩体群;
10. 张性古大陆边缘;11. 地质界线

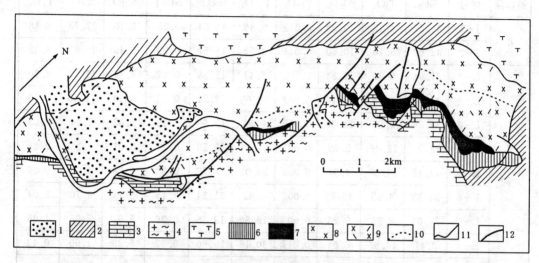

图 2-5 攀枝花钒钛磁铁矿矿床地质略图（据于方等，1997）

1. 第四系；2. 上三叠统砂砾岩；3. 上震旦统大理岩；4. 基底杂岩；5. 正长岩；6. 片理化细粒橄榄辉长岩；
7. 钒钛磁铁矿；8. 辉长岩-斜长岩；9. 钛磁铁辉石岩；10. 角闪辉长岩；11. 实测及推测地质界线；12. 断层

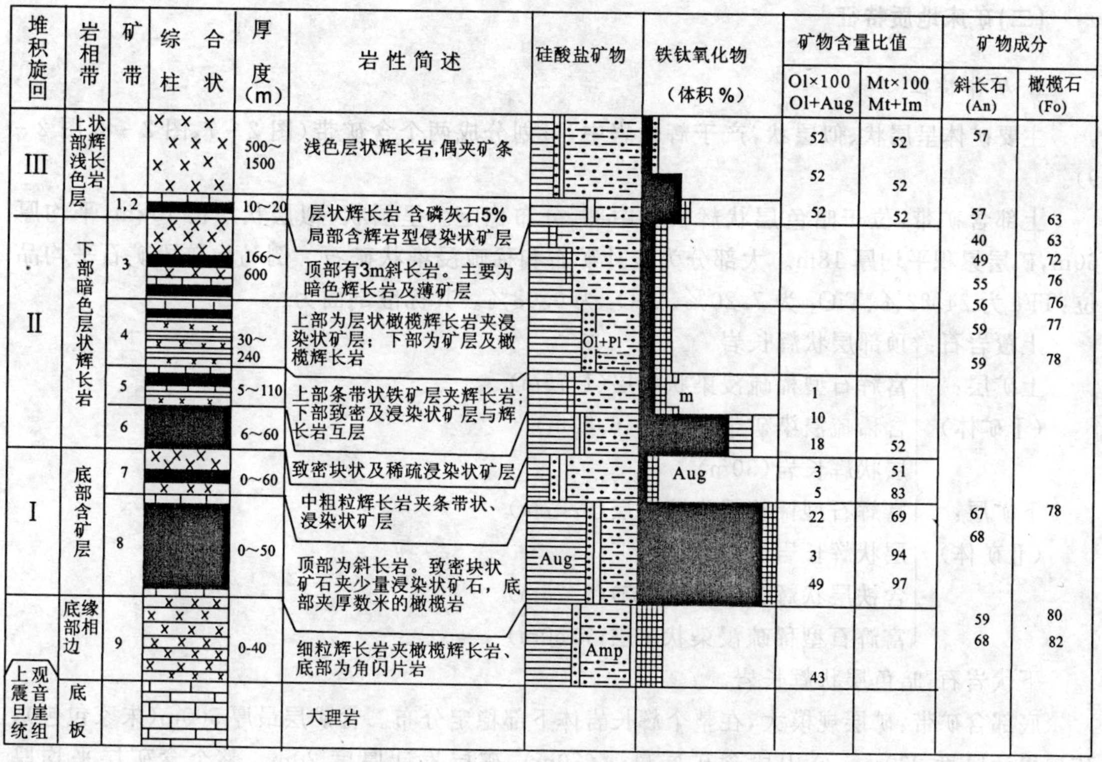

图 2-6 攀枝花钒钛磁铁矿矿床综合柱状图

表2-1 攀枝花含矿岩体不同韵律层岩石化学成分组成(%)(据卢记仁等,1987修编)

韵律层	样号	SiO_2	TiO_2	Al_2O_3	Cr_2O_3	Fe_2O_3	FeO	MnO	MgO	CaO	P_2O_5
Ⅱ	J-1	41.59	4.45	10.98	0.019	6.46	10.64	0.25	6.40	12.75	2.48
	J-2	42.62	5.10	10.50	0.011	4.52	11.57	0.29	6.49	10.97	3.32
Ⅰ	L-1	37.94	6.90	11.84	0.002	8.41	11.38	0.22	7.74	11.35	2.20
	L-2	37.54	7.25	11.14	0.003	10.63	12.24	0.23	6.50	11.45	2.16
	L-3	36.86	5.35	14.34	0.008	9.90	13.50	0.19	5.82	9.44	2.08
	L-4	13.90	12.45	5.79	0.022	27.56	27.20	0.31	5.01	4.35	0.38
	L-5	13.43	13.00	4.57	0.009	29.01	25.72	0.33	6.88	4.15	0.26
	L-6	33.38	3.05	13.82	0.003	5.43	21.34	0.15	3.73	9.70	2.04
	L-7	27.04	8.25	9.26	0.003	18.30	19.35	0.26	5.91	7.95	1.06
	L-8	8.47	14.95	6.04	0.017	30.16	29.80	0.32	5.91	1.90	0.42
	L-9	14.75	12.00	4.75	0.011	28.00	24.93	0.30	7.36	5.85	0.19
	L-10	2.49	15.25	4.40	0.011	36.10	32.89	0.36	4.86	0.68	0.22

注:Ⅰ.下部基性超基性韵律层;Ⅱ.上部基性韵律层。

(二)矿床地质特征

1. 矿体特征

主要矿体呈层状、似层状,产于辉长岩中,可划分成两个含矿带(图2-7,图2-8,图2-9)。

上部含矿带:位于暗色层状辉长岩中部,分布稳定。呈层状,似层状。长15km,平均厚60m,矿层累积平均厚18m。大部分为表外矿石和稀疏浸染状矿石。倒马坎矿段矿石平均品位:TFe为24.82%、TiO_2为7.20%、V_2O_5为0.08%。其标准剖面为:

上覆岩石:顶部层状辉长岩
上矿层:富辉石型稀疏浸染状矿层(1.75m)
(Ⅰ矿体):含稀疏浸染矿带辉长岩(6.82m)
层状辉长岩(30m)
下矿层:富辉石型稀疏浸染状矿层(5.07m)
(Ⅱ矿体):层状辉长岩(2.10m)
含铁层状辉长岩(表外矿)(5.75m)
富辉石型稀疏浸染状矿层(7.50m)

下伏岩石:暗色层状辉长岩。

底部含矿带:矿层规模大,在整个辉长岩体下部稳定分布。含矿层最厚500m(朱家包包),矿层累计厚度230m。公山段含矿层最薄(70m),矿层累计厚度20m。整个含矿层平均厚210m,矿层平均累计厚度130m。含矿率为65%,平均品位TFe为33.23%,TiO_2为11.63%,V_2O_5为0.30%。

该矿带自下向上可分为7个矿体:粗粒辉长岩中的浸染状矿体(Ⅸ矿体)、底部致密块状矿

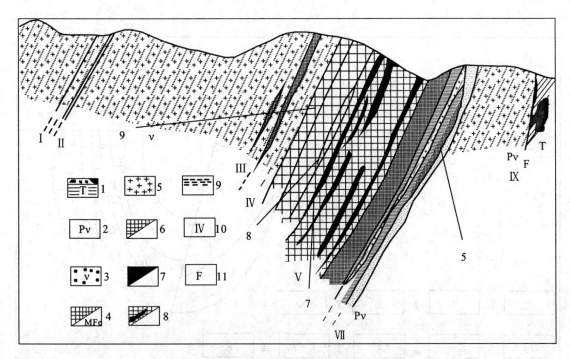

图 2-7 攀枝花钒钛磁铁矿矿床地质剖面图

1. 上三叠统砂页岩；2. 粗粒辉长岩；3. 层状细粒辉长岩；4. 层状含铁辉长岩；5. 细粒辉长岩；
6. 稀疏浸染状矿体；7. 稠密浸染状矿体；8. 致密块状矿体；9. 辉长岩层状结构；10. 矿带编号；11. 断层

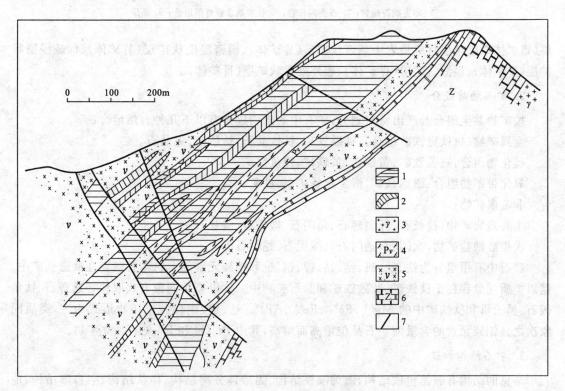

图 2-8 兰家火矿段 P15 剖面图

1. 表内矿；2. 表外矿；3. 花岗岩；4. 伟晶辉长岩；5. 中、细粒辉长岩；6. 震旦系大理岩；7. 断裂

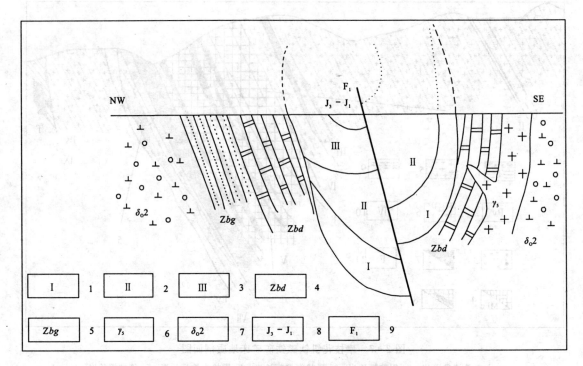

图2-9 攀枝花-务本钒钛磁铁矿层状辉长岩体剖面图
1.下部含矿带;2.上部辉长岩;3.顶部辉长岩;4.灯影组大理岩;5.观音崖组碎屑岩;
6.印支期花岗岩;7.石英闪长岩;8.侏罗系含铜红层组合;9.断层

层(Ⅷ矿体)、暗色层状辉长岩中条带状矿层(Ⅶ矿体)、稠密浸染状矿层(Ⅵ矿体)、稀疏浸染状矿层(Ⅴ矿体)、星散状矿层(Ⅳ矿体)、表外条带状矿层(Ⅲ矿体)。

2. 矿石物质成分

按矿物共生组合及产出特点划分,矿石中的矿物成分有以下几种自然组合:

金属矿物(钒钛磁铁矿组合):钛磁铁矿、钛铁晶石、钛铁矿、尖晶石。

硫化物组合:磁黄铁矿、黄铜矿、黄铁矿、镍黄铁矿。

氧化带矿物组合:磁赤铁矿、假象赤铁矿、褐铁矿。

非金属矿物:

主要造岩矿物:拉长石、异剥辉石、角闪石、橄榄石、磷灰石。

次生硅酸盐矿物:次闪石(透闪石)、绿泥石、蛇纹石等。

矿石中有用组分为铁、钛、钒、锰、钴、镍、铜、钪和铂族元素等。钒主要赋存在钛磁铁矿中。锰以类质同象存在于钛铁矿、钛磁铁矿和脉石矿物中。钪以类质同象方式取代普通辉石、钛角闪石、黑云母和钛铁矿中的Mg^{2+}、Fe^{2+}、Fe^{3+}、Al^{3+}。钴、镍、铜以独立矿物形式为主,类质同象次之。铂族元素的含量随矿石品位增高而增高,其中Pt、Os和Ru见有独立矿物。

3. 矿石结构构造

常见的结构有嵌晶包铁结构,海绵陨铁结构、固溶体分离结构、格状结构、半自形结构、他形结构等(图2-10)。矿石构造有致密块状、稠密浸染状、稀疏浸染状、条带状等构造。

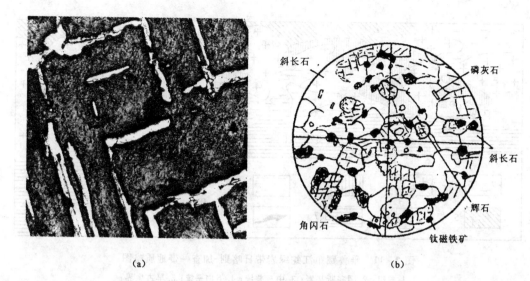

图 2-10 矿石结构图
(a)格状结构由固溶体分解作用形成的钛铁矿(白色)沿磁铁矿(黑灰色){111}裂理分布呈格状;
(b)半自形、他形粒间结构铁磁铁矿(黑色)呈半自形、他形分布在早期结晶的硅酸盐矿物粒间

四、西藏罗布莎铬铁矿矿床

位于西藏自治区曲松县罗布莎乡,是目前国内规模最大、矿石质量最佳的铬铁矿床。

(一)区域地质概况

罗布莎铬铁矿矿床位于全球性特提斯-喜马拉雅构造带的东端即雅鲁藏布江蛇绿岩带的东段,在区域构造上受控于雅鲁藏布江缝合带,其北邻冈底斯-念青唐古拉板块,南与喜马拉雅板块接壤(图2-11)。

1. 岩体产状、形状

罗布莎岩体侵位于上三叠统与第三系(古近系—新近系)之间。北盘(下盘)为第三系上新统陆相碎屑岩,南盘(上盘)为三叠统海相复理石沉积岩,岩体在多数地段与围岩呈整合侵入接触关系。

岩体平面形状呈狭长带状,长43km,一般宽1~1.7km,中段最宽3.7km。出露面积约70km²。向南倾斜,倾角北缓南陡,总体约40°,故岩体呈单斜状。最大延深(Ⅱ矿群附近)约1 300m。

2. 岩相带划分

罗布莎岩体为一多次侵入的复式岩体,包括两种不同的岩石组合:一是超基性岩组合,即纯橄榄岩-斜辉辉橄岩-斜辉橄榄岩(少量)组合,此组合构成岩体的主体;另一种是超基性岩-基性岩组合,即二辉橄榄岩-单斜辉石岩-辉长岩组合,该组合主要分布在岩体西段的中下部位。

岩体分异程度较高,岩相分带明显。平行岩体走向由北向南可分为4个相带:二辉橄榄岩

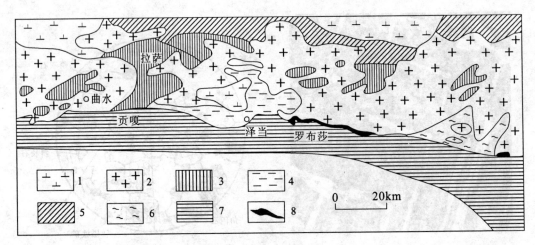

图 2-11 雅鲁藏布江蛇绿岩带日喀则-加查一带地质略图
1.林芝组；2.冈底斯基岩；3.中三叠统；4.下白垩统；5.早古生界；
6.变质片麻岩；7.晚三叠复理石；8.蛇绿岩块

-辉长岩杂岩岩相带(下部杂岩岩相带)、纯橄榄岩岩相带、二辉橄榄岩-辉长岩杂岩岩相带(上部杂岩岩相带)、斜辉辉橄岩夹纯橄榄岩岩相带。各岩相带之间，一般界线截然(部分呈过渡关系)，上部杂岩岩相带局部有穿插纯橄榄岩岩相带现象。同一岩相带内不同岩石之间呈过渡关系(图 2-12)。

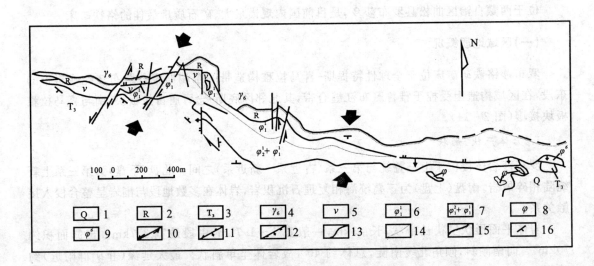

图 2-12 罗布莎地区超基性岩体地质略图
1.第四纪冲积、洪积物；2.未分第三纪陆相类碎屑沉积物；3.晚三叠世海相类复理石沉积；4.喜山期黑云母花岗岩、石英闪长岩；5.二辉橄榄岩-辉长岩杂岩岩相带；6.纯橄榄岩岩相带；7.斜辉辉橄岩夹纯橄榄岩岩相带；8.未分超基性岩；9.蛇纹岩；10.平移断层；11.实测逆断层；12.实测正断层；13.地质界线；14.岩相带界线；15.地层不整合线；16.地层产状

3. 岩石化学特征(表2-2)

表 2-2 罗布莎超镁铁质地幔岩与下地壳堆晶岩岩石化学成分对比表(%)(据张浩勇等,1996)

岩体名称	罗布莎岩体					
矿区名称	康金拉		香卡山		罗布莎	
岩相	纯橄岩	斜辉辉橄岩	纯橄岩	斜辉辉橄岩	纯橄岩	斜辉辉橄岩
SiO_2	39.12	42.27	36.83	38.48	39.94	42.72
Al_2O_3	0.38	1.18	0.34	0.63	0.32	0.96
Fe_2O_3	1.89	1.26	2.44	2.37	1.61	1.54
FeO	5.28	7.39	4.20	4.51	6.03	6.29
Cr_2O_3	0.58	0.45	0.50	0.45	0.47	0.44
MgO	47.03	43.28	42.06	40.68	45.57	42.60
CaO	0.25	0.94	0.31	0.79	0.37	1.11
m/f	12.03	9.10	11.73	10.85	10.87	9.88
岩相	单辉橄榄岩	异剥橄榄岩	异剥辉石岩	辉长岩及辉绿岩	我国辉长岩平均值	
SiO_2	43.51	43.94	45.10	48.73	47.62	
Al_2O_3	2.59	6.44	3.07	16.16	14.52	
Fe_2O_3	3.57	1.94	4.73	1.25	4.09	
FeO	5.27	5.00	3.47	5.80	9.37	
Cr_2O_3	0.45	0.35	1.22	0.18		
MgO	26.92	23.26	25.73	8.84	6.47	
CaO	10.07	12.12	12.67	12.80	8.75	
m/f	5.71	6.21	5.99	2.30	0.89	

注:m/f=摩尔百分比。

(二)矿床特征

矿区内已发现矿体、矿点175个,成群出现,成带状分布。主要产在岩体轴部及略偏上部位。平面上呈雁行排列,剖面上呈叠瓦状排列,有尖灭再现、尖灭侧现现象。矿体形态呈脉状、扁豆状和不规则状(图2-13、图2-14)。规模大小悬殊,最大者长300余米,宽1~8m,延深大于50m。矿体有两种产状:一种是矿体走向与岩体走向平行,向南倾,50%以上的矿体属此情况;另一种是矿体走向近南北向,与岩体走向夹角70°,斜向西。两类矿体倾角均为中等。在岩体膨大部位、由窄变宽部位、产状转折部位及岩体横向褶曲凹陷部位,往往赋存工业矿体。

分布在不同岩相带中的矿体其地质特征不同。在北缘强蛇纹石化斜辉辉橄岩夹纯橄榄岩体数目亦多,但规模很小,品位低,亦无工业意义。斜辉辉橄岩夹纯橄榄岩岩相带中的矿体规模较大,最长可达300m,多产在该岩相带中部和中下部,主要工业矿体赋存在此带中。矿体产状较复杂,主要的矿体走向多与岩相带走向一致,部分走向与岩相带斜交其至垂直(图2-15、

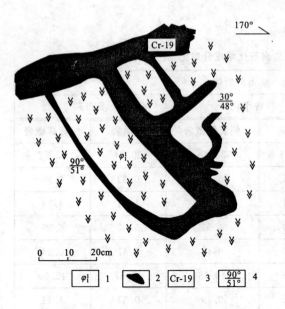
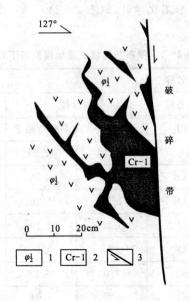

图 2-13 交叉状矿体形态
1. 纯橄榄岩；2. 铬铁矿体（致密块状矿石）；
3. 矿体编号；4. 矿体产状

图 2-14 矿体沿两组构造裂隙充填
1. 斜辉辉橄岩；2. 矿体（致密块状矿石）
3. 断层破碎带

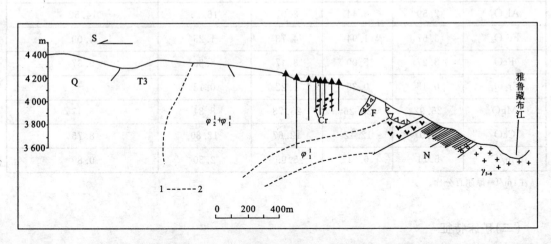

图 2-15 罗布莎Ⅰ～Ⅱ矿群间西24线剖面示意图（图例见图 2-16）

图 2-16）。

矿石矿物主要为铬尖晶石，有微量铂族矿物。脉石矿物以蛇纹石为主，少量绿泥石、橄榄石、钙铬石榴石、铬绿泥石、铬云母等。矿体多由致密块状矿石组成，含 Cr_2O_3 为 50.13%～54.40%；Cr∶Fe 为 3.62～4.25。此外，也有少量浸染状构造、斑杂状构造和豆状构造矿石。矿石结构多为自形等粒状结构，有害杂质 S、P 含量甚微，Os、Ru、Rh、Ir 可综合利用。

近矿围岩为纯橄榄岩和斜辉辉橄岩。多数矿体与两种不同的岩石接触，产在单一岩石中的矿体少见，近矿围岩普遍褪色和蚀变。围岩蚀变有蛇纹石化、滑石化、绿泥石化等。在矿体附近数十米范围内，凸镜状、条带状、薄层状纯橄榄岩异离体密集，可作为找矿标志。

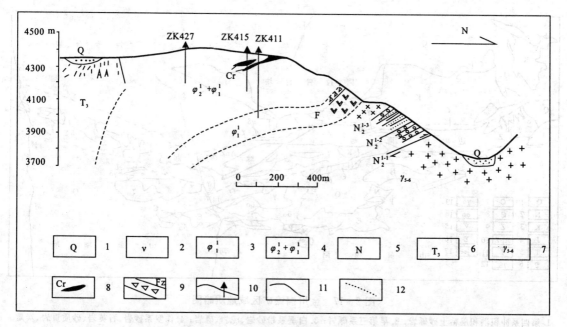

图 2-16 罗布莎Ⅲ矿群 8 线剖面示意图

1. 第四系；2. 二辉橄榄岩-辉长岩杂岩岩相带；3. 纯橄榄岩相带；4. 斜辉辉橄岩夹纯橄榄岩相带；
5. 未分第三世陆相碎屑岩地层；6. 晚三叠世海相类复理石沉积地层；7. 喜山期黑云母花岗岩、石英闪长岩；
8. 铬铁矿矿体；9. 断层；10. 钻孔；11. 明显地质界线；12. 不明显地质界线

五、金川铜镍硫化物矿床

位于甘肃省金川市，是一个规模巨大，有多种贵重金属元素伴生的铜镍硫化物矿床。

(一)区域地质概况

1. 地层

主要分布有前寒武纪变质岩，其次有泥盆系、石炭系、侏罗系、白垩系、第三系和第四系。

2. 构造

矿区位于中朝准地台阿拉善台块西南边缘隆起带上。区内褶皱、断裂发育。构造线方向西部为 NW 向，东部呈 EW 向。平行于构造线方向的逆断层发育，以隆起带两侧的 F_1、F_2 深断裂为代表。二者相向倾斜，倾角 60°～70°，在其附近同向逆断层极发育，在区域内形成两个大断裂带。

3. 岩浆岩

区内岩浆活动频繁，以加里东期最强烈，吕梁期、海西期次之，燕山期微弱。岩浆岩以酸性岩最多，超基性岩次之。各类岩浆岩沿区域构造线方向作带状展布，主要集中在边缘隆起带两侧。与铜镍硫化物矿化有关的基性、超基性岩体，分布在深断裂（F_1、F_2）的次级断裂中（图 2-17）。

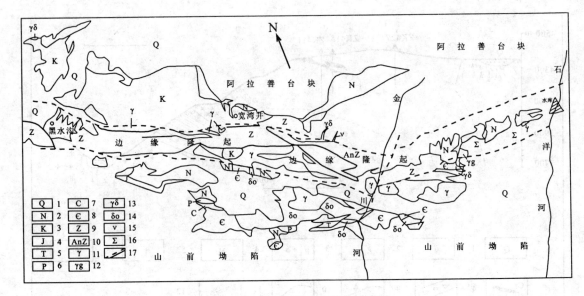

图 2-17 金川铜镍矿区域地质略图

1.第四系冲积洪积层粘土砂砾岩；2.早第三系砾岩；3.白垩系粉砂岩、泥岩、砾岩；4.侏罗系砂岩、石英岩、砂质页岩、炭质页岩夹煤层；5.三叠系砂岩、石英砂岩、砂砾岩、炭质页岩；6.二叠系石英砂岩、泥岩、砂砾岩；7.石炭系炭质页岩、砂岩、耐火粘土、煤层、砂砾岩；8.寒武系粉砂岩、火山岩、板岩、千枚岩、灰岩、硅质板岩；9.上前寒武系硅质灰岩、片岩、千枚岩、板岩、石英岩及砾岩；10.下前寒武系混合岩、大理岩及片岩；11.花岗岩；12.花岗片麻岩；13.花岗闪长岩；14.石英闪长岩；15.辉长岩；16.超基性岩；17.断裂

(二) 矿区地质特征

1. 地层

太古界白家咀子组为含镍超基性岩的直接围岩。白家咀子组为一套以混合岩、片麻岩、大理岩为主的变质岩系(图2-18)。按其特征在矿区分为三段，由下至上各段岩性主要为

第一段($AnZb^1$)：角砾状混合岩-均质混合岩、黑云斜长片麻岩、蛇纹大理岩。

第二段($AnZb^2$)：条带均质混合岩、绿泥石英片岩、含榴二云母片麻岩及蛇纹大理岩。

第三段($AnZb^3$)：含榴二云母片麻岩，含蛇纹石大理岩、条带均质混合岩、蛇纹大理岩，条带均质混合岩。

含镍超基性岩不整合侵入于$AnZb^1$与$AnZb^2$之间，与黑云斜长片麻岩、蛇纹大理岩，条带均质混合岩接触。

2. 构造

矿区位于边缘隆起构造线方向由EW向变NW向的转折部位。区内褶皱形态简单，断裂发育且性质复杂。断裂按展布方向和性质可分成5组：

(1)NW向逆断层：以F_1为代表，在区内最发育。走向NW60°，倾向S，倾角60°。

(2)NNE向平推断层：以F_8、F_{23}为代表。走向NE70°，倾向SE，倾角70°左右。

(3)近SN向平移断层：以F_{10}为代表。倾角陡。

(4)NE向正断层：以F_{17}为代表，走向NE45°，倾向SE，倾角73°左右。

(5)NW向正断层：以F_{16}为代表，属张性断裂。

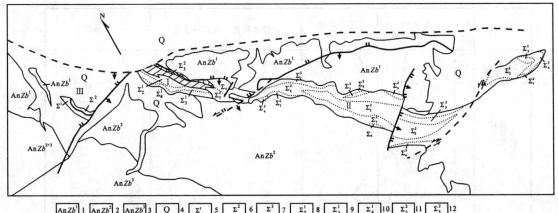

图 2-18 白家咀子矿区地质略图

1. 上前寒武系白家咀子组混合岩第一段；2. 上前寒武系白家咀子组第二段；3. 上前寒武系白家咀子组第三段；4. 第四系；5. 中细粒结构岩相；6. 中粗粒结构岩相；7. 中粒结构岩相；8. 中细粒含二辉橄榄岩；9. 中细粒二辉橄榄岩；10. 中细粒二辉橄榄岩；11. 中粗粒斜长二辉橄榄岩；12. 中细粒二辉橄榄岩；13. 中粗粒橄榄二辉岩；14. 中粗粒斜长含二辉橄榄岩；15. 中粗粒斜长二辉橄榄岩；16. 熔离矿体；17. 深熔离-贯入型矿体；18. 深断裂；19. 正断层；20. 逆断层；21. 平移断层；22. 实测、推测地质界线；23. 侵入体岩相界线；24. 矿区编号

3. 岩浆岩

矿区内岩浆岩有两种，即含镍超基性岩及其派生的脉岩。脉岩包括闪斜煌斑岩-闪长岩-闪长斑岩和辉绿岩。

白家咀子含镍超基性岩体呈不规则岩墙状。长 6 500m，宽 20～527m，垂直延深大于 1 100m。两端被第四系覆盖，出露 1.34km²。总走向 NW310°，倾向 SW，倾角 50°～80°，沿走向有明显的膨缩和波状起伏。横断面呈楔形、板状及歪漏斗状，沿走向、倾向均有分支。

岩体被 NEE 向平推断层分割为 4 段，由西向东依次为 III、I、II、IV 矿区。

4. 岩体岩相特征

白家咀子岩体为一复式岩体，由 3 次侵入形成的 10 个岩相组成。不同期次形成的岩相，均呈同心壳状分布。基性程度高的含二辉橄榄岩在中心，向外依次为二辉橄榄岩、橄榄二辉岩、二辉岩等（图 2-19）。3 次形成的岩石，橄榄石粒度有明显差异。第一期为中细粒，第二、三期分别为中粗粒和中粒。3 种不同粒度相呈突变关系（图 2-20）。

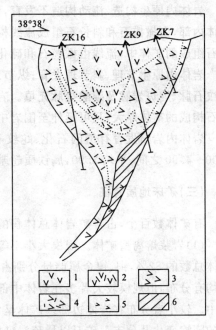

图 2-19 二矿区横剖面图

1. 含二辉橄榄岩；2. 斜长含二辉橄榄岩；3. 二辉橄榄岩；4. 斜长二辉橄榄岩；5. 橄榄二辉岩；6. 贫矿体

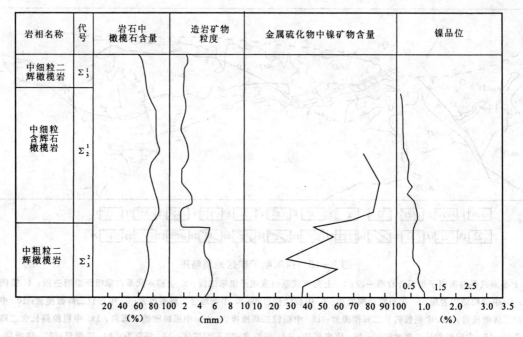

图 2-20　Ⅰ矿区岩体不同粒度及含量变化示意图

岩体内原生构造、流动构造不发育,仅见于岩体边缘及由海绵陨铁矿石组成的矿体中。在岩体内部,由橄榄石和斜长石组成流线构造,其走向平行于岩体与围岩的接触面。在海绵陨铁矿石组成的矿体中,流线由橄榄石和硫化物定向排列形成,仅见于矿体底部边缘。

岩体内原生节理、斜节理发育;纵节理、横节理局部发育。在节理中有海绵陨铁状矿脉和蛇纹石脉、煌斑岩脉及碳酸盐脉充填。岩体原生裂隙主要发育在边部,贯入其中的由致密块状矿石构成的矿体厚大,且可延伸至围岩中。

岩体内岩石发育有透闪石化、蛇纹石化、绿泥石化、滑石碳酸盐化等蚀变。岩体 m/f 在 3.00～4.90 之间,平均 3.90,属铁质超基性岩,岩体地质年龄为 1509Ma。

(三)矿床地质特征

有矿体数百个,占含矿岩体总体积的 43.17%。按成因可将矿体分为 4 类。

(1)岩浆熔离型矿体。规模大小不等,长数米至数百米,厚一至百余米。此类矿体占全区矿体总数的 82%,铜、镍金属储量分别占全区的 12.22% 和 11.4%,在岩体各部位及各种岩相中均有分布,但规模较大者多在岩体中部、中下部基性程度较高的含二辉橄榄岩及二辉橄榄岩相中。较小者分布在岩体边部。矿体呈似层状、凸镜状,延长大于延深。沿走向、倾向有较明显的膨缩变化及分支。矿石以稀疏浸染状为主,在矿体中心局部形成海绵陨铁状矿石。矿体与围岩呈过渡关系。矿石中的矿物成分有镍黄铁矿、磁黄铁矿、黄铜矿、磁铁矿、铬尖晶石,有时见黄铜矿。金属硫化物总量为 3%～5%(平均 4%),硫化物中镍黄铁矿与磁黄铁矿数量分别为 46.7% 和 45.6%,铜矿物仅占 7.7%。

(2)熔离-贯入型矿体。矿体规模巨大,厚数十至百余米,长数百米至数千米,最大延深 1 100m。铜镍金属储量分别占全区的 85.10% 和 85.92%。主要分布在岩体近底盘处(图 2-

21),少数在近上盘处,个别矿体可延至底盘围岩中。一般埋深大于200m。矿体形状多为似层状和凸镜状,少数呈脉状,沿走向及倾向有明显的膨缩变化及分支现象。矿体可穿插先期形成的各岩相,不受岩相分异规律制约。主要由海绵陨铁状矿石组成,金属硫化物含量8%～25%。矿物组合与第一类矿体相似,但硫化物中磁黄铁矿和铜矿物比例增高,镍黄铁矿相对降低。

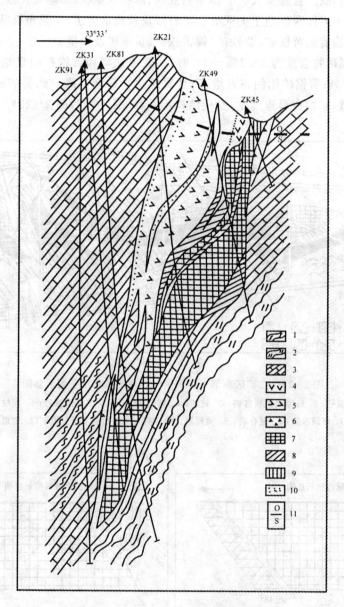

图2-21 一矿区10线地质剖面示意图

1.混合岩;2.黑云母片麻岩;3.大理岩;4.含二辉橄榄岩;5.二辉橄榄岩;6.橄榄二辉岩;7.深熔离-贯入型富矿;8.深熔离贯入型贫矿;9.氧化矿;10.熔离型星点状贫矿;11.氧化带界线

熔离-贯入型矿体亦可以分布在二辉橄榄岩内的熔离型矿体中。当熔离型矿体由海绵陨铁结构矿石组成时,两类矿体呈"混合"渐变关系;当熔离型矿体由浸染状构造矿石组成时,则两类矿体界线分明,接触处为破碎带或脉岩充填,且浸染状矿石一侧有强烈蚀变。熔离-贯入型矿体还产于岩体与围岩间的破碎带中,下盘为混合岩、大理岩,部分为岩体边缘相片岩。上盘为二辉橄榄岩或橄榄二辉岩。此类矿体边界平整,岩体一侧有 1~3m 强烈挤压蚀变带。

(3) 晚期贯入型矿体。规模一般较小,长数十厘米至二三百米,厚数厘米至 20 余米。铜、镍分别占全区总储量的 1.1% 和 0.59%,从中采出的矿石可直接用于冶炼。该类矿体多与第二类矿体相伴产出,故工业意义大。矿体呈扁豆状、脉状或巢状,膨缩变化很大。主要产在 F_{17} 西侧,在剖面上位于岩体深部趋于尖灭处。矿石以块状构造为主,少量角砾状构造。矿石物质成分:主要金属矿物有磁黄铁矿、黄铁矿、镍黄铁矿、黄铜矿及少量磁铁矿、赤铁矿,非金属矿物全为绿泥石。金属矿物含量为 38.2%~98.8%。磁黄铁矿和黄铁矿明显地较其他类矿体增高,占 61%~67.7%;黄铜矿比例亦有增高;金属氧化物比例下降。此类矿体切穿辉绿岩脉,矿体围岩蚀变轻微,矿物自形程度差,交代结构不发育(图 2-22,图 2-23)。

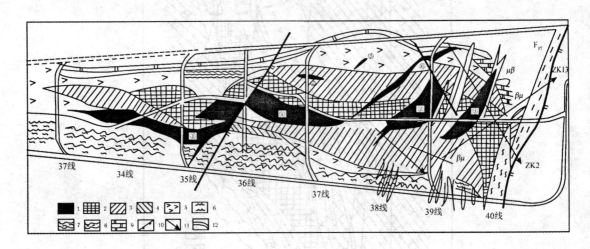

图 2-22 二矿区东部××××m 标高矿体分布平面示意图

1. 晚期贯入型矿体及编号;2. 海绵陨铁状富矿;3. 贫矿;4. 交代型矿石;5. 二辉橄榄岩;6. 蛇纹石绿泥石透闪石片岩;7. 辉绿岩脉;8. 混合岩;9. 大理岩;10. 断层;11. 坑内水平钻孔;12. 坑道

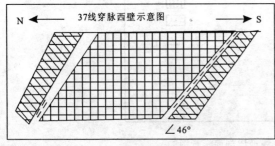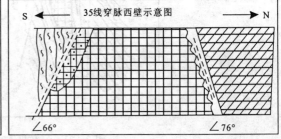

图 2-23 晚期贯入矿体接触关系示意图

1. 晚期贯入的块状矿石;2. 半块状矿石;3. 海绵陨铁状矿石;4. 星点状矿石;5. 混合岩;6. 蚀变带

(4) 接触交代型矿体。矿体规模较小,长数米至数百米,厚数米至数十米。铜镍储量分别占全矿区的 1.58% 和 2.09%。多分布在岩体上下盘围岩及围岩捕虏体中。较大的矿体常在第一、二类矿体下盘围岩中。矿体呈似层状、囊状,由稀疏浸染状(贫矿)、稠密浸染状、网脉状(富矿)矿石组成。富矿石在靠近岩体一侧。远离岩体的矿体,中部是富矿,边缘为贫矿。在捕房体中的矿体,多数从捕房体边缘至中心,矿化由富变贫。该类矿体矿石金属矿物含量为11%左右,主要是磁黄铁矿、黄铜矿和镍黄铁矿,少量黄铁矿、磁铁矿及紫硫镍铁矿。与一、二类矿体比较,磁黄铁矿,镍黄铁矿减少,铜增多。矿石以半自形至他形粒状嵌晶结构为主,次为结状、乳滴状结构。

本矿床硫同位素有关资料如图2-24及表2-2。

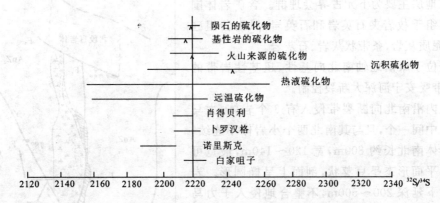

图2-24 不同类型矿床和不同产状的硫化物中硫同位素组成

表2-2 各类矿石金属硫化物硫同位素组成表

样号	地点	矿石类型	矿物名称	测定结果	
				$\delta^{34}S(‰)$	$^{32}S/^{34}S$
CBZhS-20	一矿区24线1616水平	星点状矿石	磁黄铁矿	+1.8	22.179
-7	二矿区50线ZK71孔	局部海绵陨铁状矿石	磁黄铁矿	+2.2	22.172
-4	二矿区12线ZK22	中粒海绵陨铁状矿石	镍黄铁矿	+2.1	22.174
-5⁻¹	二矿区12线ZK22	中细粒海绵陨铁状矿石	镍黄铁矿	-0.3	22.227
-5⁻²	二矿区12线ZK22	中细粒海绵陨铁状矿石	黄铜矿	+2.5	22.164
-6	二矿区12线ZK22	中细粒海绵陨铁状矿石	镍黄铁矿	+2.4	22.166
-3	二矿区50线ZK71	细粒海绵陨铁状矿石	黄铁矿	+1.0	22.197
-10⁻¹	二矿区8线ZK36	硫化物滑镁岩	镍黄铁矿	+2.5	22.164
-10⁻²	二矿区8线ZK36	硫化物滑镁岩	黄铜矿	+2.4	22.166
-11⁻¹	二矿区14线ZK51	硫化物滑镁岩	黄铜矿	+2.7	22.160
-11⁻²	二矿区14线ZK51	硫化物滑镁岩	磁黄铁矿	+3.1	22.152
-14	二矿区36线竖井	块状矿石	镍黄铁矿	+1.6	22.183
-15	二矿区46线ZK98	块状矿石	镍黄铁矿	+1.8	22.179
-16⁻¹	二矿区36线ZK93	接触交代型矿石	黄铜矿	+1.8	22.179
-16⁻²	二矿区36线ZK93	接触交代型矿石	黄铁矿	-2.6	22.278
-18	三矿区11线CK53	斑杂状矿石	磁黄铁矿	+2.3	22.170
-19	三矿区CK55	脉状矿石	黄铁矿	+1.8	22.179

六、四川力马河铜镍硫化物矿床

位于四川省会理县。虽矿床规模小,但矿石富,矿体集中。距攀枝花钒钛磁铁矿矿床东北方向约80km。二者产出大地构造背景相同(见图2-4)。

(一)矿区地质概况

矿区地层主要为下元古界会理群。含矿岩体围岩力马河组千枚岩夹石英岩和石英岩;凤山营组硅化灰岩、泥质灰岩,条带状灰岩、石灰岩。

矿区位于康滇地轴南北向基性、超基性岩带的南端,岩带受安宁河深大断裂控制。

矿区内沿南北向断裂带侵入有3个岩体,力马河岩体为中间一个,且与其南北两个小岩体不连续。力马河岩体南北长约800m,宽120~140m,最宽可达180m,平面形态呈豆荚状,剖面上呈椭圆形。岩体一般向下延深200~500m,不整合地侵入于力马河组和凤山营组中。F_2断层将岩体截成两段,此段呈单斜状,向西倾;南段似盆状(图2-25)。

力马河岩体可划分为3个岩相带,自下而上和自西向东分别为橄榄岩相、辉长岩相、闪长岩相,后两种岩相之间呈过渡关系。橄榄岩有穿插辉长岩现象。已测知辉长岩地质年龄为573Ma,橄榄岩地质年龄为320Ma。

当岩体与硅质灰岩接触时,在接触带上可形成数厘米至数米厚的矽卡岩带,并有黄铜矿、黄铁矿、镍黄铁矿矿化;在内接触带,岩石中长石及单斜辉石含量显著增加。

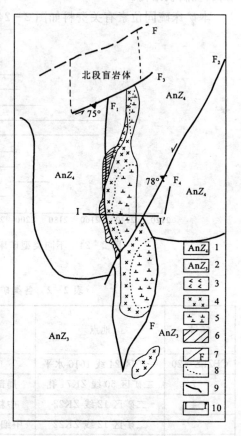

图2-25 力马河矿区地质图
1. 凤山营组硅质灰岩;2. 力马河组石英岩夹板岩;3. 边缘相辉石辉长岩;4. 辉长岩;5. 闪长岩;6. 矿化橄榄岩;7. 断层及编号;8. 过渡界线;9. 明显界线;10. 剖面位置及编号

(二)矿床特征

1. 矿体特征

以矿体产出部位,可将其划为3种类型:

(1)橄榄岩相中的似层状、凸镜状矿体。多位于橄榄岩相带西侧近围岩处,产状和规模均受橄榄岩相控制。在中段平面图上矿体为脉状和凸镜状;在剖面图上呈似层状。矿体与围岩为渐变关系。矿体长300~400m,厚0~48m,厚度约占岩相带厚度的1/2~1/4,延深140~170m。具海绵陨铁结构的矿石多分布在矿体膨大部位,且靠近底盘。

(2)围岩和橄榄岩相中的富矿体共有9个,成群分布在岩体西缘F_1断层附近。多产于岩体向围岩的突出膨大部位,有的贯入围岩裂隙中。呈凸镜状、脉状和不规则状。长10余米,厚数米,沿走向和倾向均有膨缩分支现象。延深大于延长方向2~3倍,矿体边部流线清楚,流线方向与矿体走向一致(图2-26、图2-27、图2-28)。

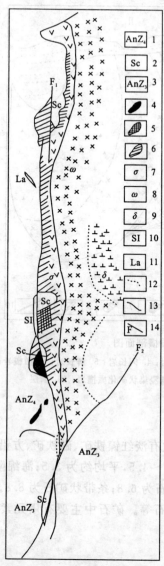 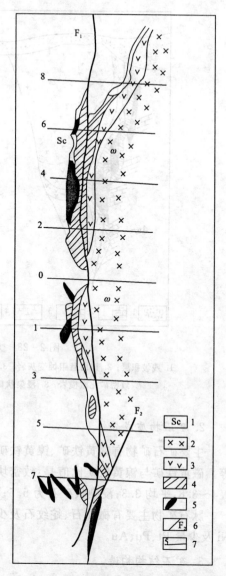

图 2-26 力马河铜镍矿三中段地质平面图

1.凤山营组硅质灰岩；2.凤山营组蚀变灰岩；3.力马河组石英岩夹板岩；4.致密块状矿石矿体；5.陨铁状矿石矿体；6.浸染状矿石矿体；7.橄榄岩；8.辉长岩；9.闪长岩；10.边缘相辉石岩；11.煌斑岩脉；12.过渡界线；13.明显界线；14.断层及编号

图 2-27 力马河铜镍矿二中段地质平面图

1.凤山营组蚀变灰岩；2.辉长岩；
3.橄榄岩；4.浸染矿化橄榄岩；
5.致密矿化橄榄岩；6.断层及编号；
7.勘探线

富矿体由致密块状矿石组成，在空间上与由具海绵陨铁结构矿石组成的矿体关系密切。后者包围富矿体，或出现在富矿体边部。二者界线清楚，个别地段可见富矿细脉穿插在海绵陨铁结构矿石组成的矿体中(图 2-28)。

(3)接触带不规则状矿体。仅见于岩体西侧接触带的(特别是岩体与硅质灰岩接触带)内外蚀变带中。矿体产状与含矿橄榄岩相一致。规模变化大。矿石具浸染状、斑杂状构造。

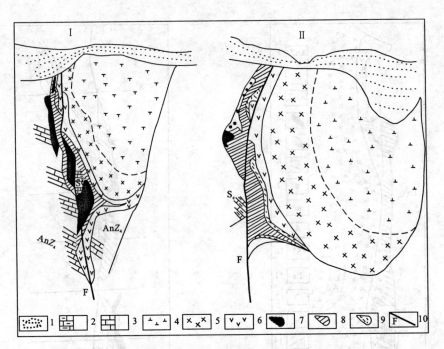

图 2-28 力马河铜镍矿地质横剖面图
1. 残坡积层；2. 凤山营组蚀变灰岩；3. 凤山营组硅质灰岩；4. 闪长岩；5. 辉长岩；6. 橄榄岩；
7. 致密矿化橄榄岩；8. 浸染状矿化橄榄岩；9. 稀疏浸染状矿化橄榄岩；10. 断层

2. 矿石物质成分

主要矿石矿物有磁黄铁矿、镍黄铁矿、黄铜矿，其次有淡红镍铁矿、磁铁矿、方铅矿、黄铁矿等。磁黄铁矿与镍黄铁矿比值是：致密块状矿石为 2.4～4.5，平均约为 3.5；海绵陨铁矿石为 2.4～3.8，平均 3.3；浸染状矿石为 5.5；稀疏浸染状矿石为 6.8；条带状矿石为 8.8。

脉石矿物主要有橄榄石、蛇纹石及少量辉石、斜长石等。矿石中主要有用元素是 Cu、Co、Ni 及少量 Pt、Pd、Au。

3. 矿石结构构造

矿石结构以固溶体分离结构为主，包括结状固溶体分离结构、乳浊状固溶体分离结构、格状固溶体分离结构等，此外还有海绵陨铁结构。

矿石构造有致密块状构造、浸染状构造、斑杂状构造等。

七、山东蒙阴金刚石矿床

位于山东省临沂地区，在沂沭断裂带以西 40～70km。

(一) 矿区地质概况

基底地层为太古界泰山群的一套中深变质岩系，主要岩石为片麻岩、变粒岩、角闪质岩石。盖层为寒武系、奥陶系及石炭、二叠纪含煤地层。中生界有侏罗系、白垩系、第三系及第四系 (图 2-29)。

区内构造主要是断裂构造。由新到老分为4个构造体系：新华夏构造、南北向构造、鲁西弧形构造和东西向构造。其中新华夏构造对金伯利岩，特别是对管状岩体的形成起主要控制作用。

区内已发现百余个金伯利岩体。分布在长55km、宽19km范围内，构成蒙阴地区金伯利岩成矿带(图2-30)。该矿带可进一步由南至北分为Ⅰ、Ⅱ、Ⅲ3个带，各带之间相距14～16km。

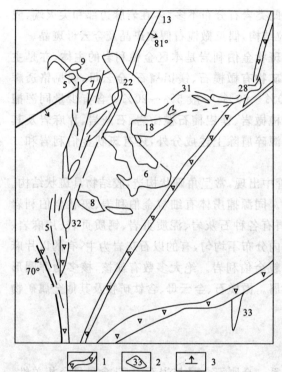

图2-29 蒙阴金伯利岩Ⅱ矿带岩管群示意图
1. 断裂带；2. 岩管体；3. 断层产状

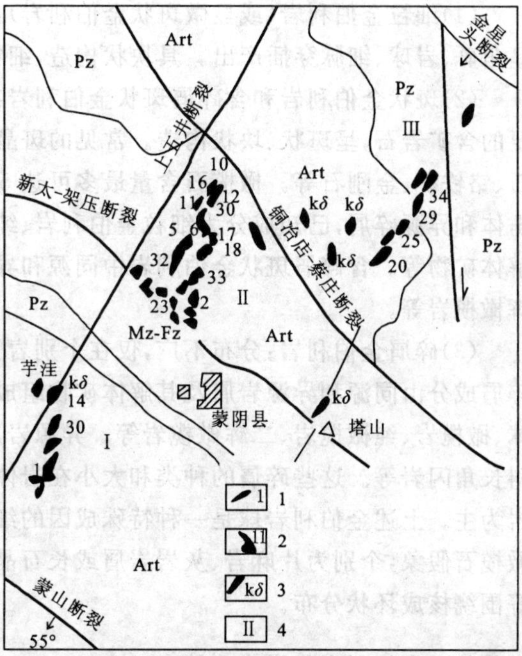

图2-30 蒙阴金伯利岩成矿带位置示意图
1. 红旗金伯利岩体位置及编号；2. 胜利金伯利岩
3. 碱性花岗岩；4. 矿化集中区及编号

(二)金伯利岩体地质特征

金伯利岩体有岩管和岩脉两种，侵位于太古界泰山群和下古生界寒武系、奥陶系中。岩体明显受断裂和节理控制，且岩管延深与地层产状一致。岩管一般成群出现，已发现13个，有10个分布在Ⅱ矿带中。岩管平面上呈圆形、椭圆形、长条形、楔形及不规则形。出露面积大小不等，大者长260m，小者仅长15m，一般长百余米。长短轴之比大致是2∶1～6∶1。岩管边界受两组节理控制，呈波状弯曲。一般为单倾斜，呈高倾角管状或柱状向下延深，逐渐或较急剧有规律地缩小。按岩管方位、相互联系顺序和延深程度划分成4个组：NNW向岩管组、NEE向岩管组、NNW-NW向岩管组和NNE向岩管组。

岩脉主要沿NNE-NE10°～40°方向延伸，多倾向东南，倾角一般75°～85°。同一条脉两端常呈反向倾斜，倾角较缓，延深较浅；中部较陡，延深较深，组成"S"或反"S"形矿体。脉中部往往膨大，矿较富。单脉长几十厘米至几百米，宽几毫米至几米不等，呈雁行斜列式排列，局部分布集中成脉群。有时分散,断续相连,组成矿带。岩脉与断裂和节理带总走向夹角一般小于20°,多为5°～10°。

岩脉与围岩一般呈侵入接触,其次为断层接触。岩脉穿插于岩管之中。

金伯利岩成矿带受新华夏系NNE向二、三级断裂控制,岩脉受新华夏NNE向三、四级断裂、节理控制,岩管主要受新华夏NNE向三级压扭性断裂及其伴生与派生构造控制。

金伯利岩主要岩石类型有细粒金伯利岩、斑状金伯利岩、含碎屑斑状金伯利岩和碎屑金伯利岩。

(1)细粒金伯利岩(或显微斑状金伯利岩):此类岩石分布不多,多在岩脉边部和尖灭端,或呈角砾、岩球、细脉穿插产出。具块状构造,细粒结构,偶见橄榄石假象斑晶及金云母斑晶。

(2)斑状金伯利岩和含碎屑斑状金伯利岩:斑状金伯利岩是本区金伯利岩的主体,亦是主要的含矿岩石,呈斑状、块状构造。常见的斑晶矿物有橄榄石、镁铝榴石、金云母,偶见铬透辉石、铬铁矿、金刚石等。橄榄石含量最多可达50%～60%,一般5%～20%。含有少量同源捕虏体和异源碎屑,已知成分为细粒金伯利岩、纯橄榄岩、镁铝榴石橄榄岩、石灰岩、片麻岩及其解体矿物等。含碎屑斑状金伯利岩中同源和异源碎屑除上述成分外,还有斑状金伯利岩和二辉橄榄岩等。

(3)碎屑金伯利岩:分布不广,仅在个别岩管中出现,常呈角砾状构造,胶结物具斑状结构。碎屑成分由同源和异源岩屑及其解体矿物组成。同源捕虏体有细粒金伯利岩、斑状金伯利岩球、橄榄岩、纯橄榄岩、二辉橄榄岩等。异源岩屑有各种石灰岩、泥质页岩、钙质页岩、片麻岩、斜长角闪岩等。这些碎屑的种类和大小在岩体内分布不均匀,有的以石灰岩为主,有的以片麻岩为主。上述金伯利岩球是一种特殊成因的细粒金伯利岩。绝大多数有球核,核多为浑圆形橄榄石假象,个别为片麻岩、灰岩岩屑或长石晶屑。橄榄石、金云母、含钛矿物及其他金属矿物等围绕核成环状分布。

(三)金伯利岩化学成分特点

金伯利岩化学成分与金刚石含量有一定关系。金刚石含量与岩石中Ti含量呈负相关性,含Ti越低,金刚石含量越高。在金伯利岩形成条件相同的情况下,含金刚石情况与Fe/Ti成正比,与Fe、Ti、Al、K、Na的含量成反比。

本区金伯利岩的同位素年龄为88Ma,相当于早白垩世末至晚白垩世初期或可延续至早第三纪前,应属燕山期。

实习单元三　伟晶岩矿床

一、实习内容

(一)目的要求

(1)了解花岗伟晶岩体(矿体)的形状、产状特征。
(2)掌握花岗伟晶岩体内部的带状构造,各带矿物组合和结构特征及其工业意义。

(二)典型矿床实习资料

(1)可可托海含稀有金属花岗伟晶岩矿床。
(2)辽宁海城伟晶岩矿床。

(三)实习指导

(1)课前复习伟晶岩矿床的特点及伟晶岩矿床的形成过程和成矿作用；复习以下矿物的鉴定特征和化学成分：微斜长石、钠长石、白云母、锂云母、艳榴石、锂辉石、绿柱石、电气石、黄玉、褐帘石等。

(2)伟晶岩的矿物组合和结构以及伟晶岩体的构造,反映了一定的物理化学条件和地质条件。所以研究伟晶岩矿床的结构和构造,对了解其成矿过程、矿化强度等的规律性很重要。在观察伟晶岩的结构和构造时,要把文字描述、标本和伟晶岩脉剖面图一起对照来看。

(四)实习作业

绘出伟晶岩矿床的剖面图,根据观察结果列表简要描述伟晶岩体内部各带发育情况。

(五)思考题

(1)研究花岗伟晶岩体(矿体)内带状构造有何理论意义及实际意义？
(2)对比伟晶岩矿床与岩浆矿床有何异同？
(3)伟晶岩中主要有哪些矿产？花岗伟晶岩矿床形成的地质条件有哪些？

二、可可托海含稀有金属花岗伟晶岩矿床

位于新疆阿尔泰地区,是世界闻名的稀有金属产地,其中以富蕴县境内的可可托海三号伟晶岩脉最著名。目前主要开采锂、铍、铌、钽等稀有金属矿产。

(一)区域地质概况

矿区在大地构造位置上处于西伯利亚板块的阿尔泰陆缘活动带,哈萨克斯坦板块和西伯利亚板块的缝合线附近(图3-1)。本区出露地层有奥陶系、泥盆系和石炭系的黑云母石英片岩、二云母石英片岩、十字石黑云母片岩和变粒岩(图3-2)。区内侵入岩为海西期的黑云母花岗岩、二云母花岗岩和辉长岩。

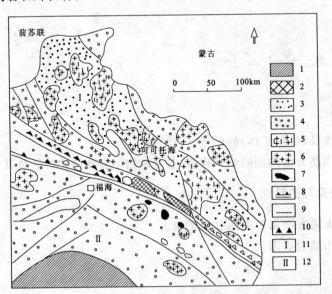

图3-1 阿尔泰地区区域地质略图(据卢焕章等,1996)

1. 前寒武基底;2. 前寒武构造单元;3. 早古生代构造单元;4. 早古生代构造单元;5. 晚古生代构造单元;
6. 加里东期侵入体;7. 海西期侵入体;8. 镁铁质及超镁铁质侵入体;9. 断层;10. 俯冲带;

Ⅰ—西伯利亚板块;Ⅱ—哈萨克斯坦板块

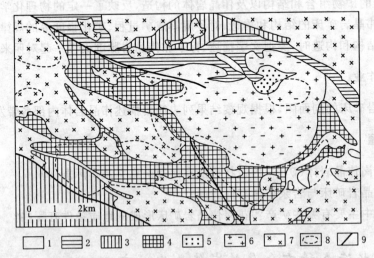

图3-2 可可托海伟晶岩分布图(据卢焕章等,1996)

1. 第四纪;2. 石炭纪火山沉积岩及砂岩;3. 泥盆纪砂岩、灰岩及火山沉积岩;
4. 奥陶纪砂岩、板岩及页岩;5. 白云母花岗岩和二云母花岗岩(γ_5);6. 斑状黑云母花岗岩(γ_4^1);
7. 黑云母花岗岩及花岗岩(γ_4^3);8. 伟晶岩区;9. 主断层

可可托海矿区面积近 7km², 其中有 11 条含矿伟晶岩。可可托海三号脉是其中最大的矿脉, 并且有 Li、Be、Nb、Ta、Rb 和 Cs 矿化。三号伟晶岩脉侵入于角闪辉长岩中, 并且切过花岗岩岩脉。在三号伟晶岩脉下面存在着花岗岩, 推测该花岗岩可能是伟晶岩的母岩。

(二) 矿体形状、产状及规模

三号脉走向 310°, 倾向南西, 倾角上部近 90°, 下部为 10°～25°。即由上部筒状的岩钟体和下部缓倾斜矿脉两部分所组成, 岩钟体出露地表长为 250m, 短径为 150m (图 3-3), 呈椭圆柱状, 缓倾斜矿体赋存在地下 200～500m 处, 走向长 2 000m, 沿倾斜延伸 1 500m, 厚 20～60m。

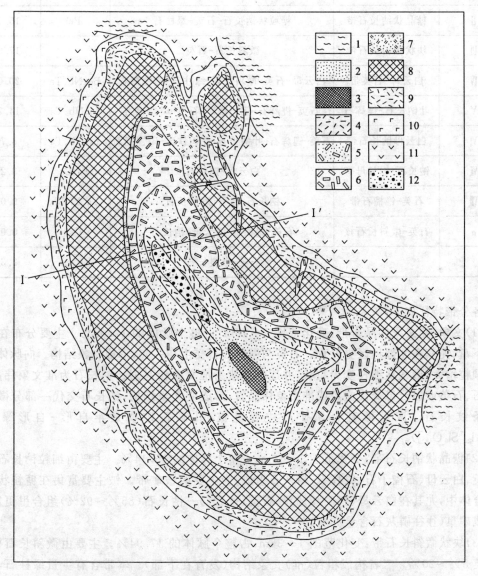

图 3-3 新疆阿尔泰含稀有金属花岗伟晶岩脉地质平面图
1. 浮土; 2. 块状石英带; 3. 块状微斜长岩带内带; 4. 小块状钠长石带; 5. 石英-锂辉石带;
6. 锂辉石带; 7. 石英-白云母巢状体带; 8. 块状微斜长岩带外带; 9. 细粒钠长石巢状带;
10. 文象花岗岩带; 11. 辉长岩; 12. 锂云母带

根据不同的矿物组合及结构构造可将三号脉分出 10 个带(图 3-3,表 3-1)。这些带也就是矿化带。从图表中可知,在 10 个带中,从第 I 带到第 VI 带,占脉体总体积 94% 的是 Be、Nb、Ta 和 Li 矿体。而 Rb、Cs 矿化主要在第 VII 带到第 X 带,但总储量不大。

表 3-1 三号伟晶岩的矿物共生组合及结构分带(据卢焕章等,1996)

结构矿物带	名称	矿物共生组合	矿体	占伟晶岩约(%)
I	文象,变文象结构	钠长石-石英-云母-电气石-绿柱石	Be	17.68
II	糖晶状钠长石带	糖粒状钠长石-石英-绿柱石	Be	15.14
III	块状微斜长石带	微斜长石-石英		17.94
IV	白云母-石英带	白云母-石英-微斜辉石-绿柱石-透锂辉石	Be、Nb、Ta	20.00
V	叶钠长石-锂辉石	石英-锂辉石-铌钽铁矿-石英-磷锂铝石	Li、Nb、Ta	14.77
VI	白云母钠长石带	石英-锂辉石-叶钠长石-铌钽铁矿-磷锂铝石	Li、Nb、Ta	8.74
VII	钠长石-锂云母带	白云母-钠长石	Ta、Cs	3.27
VIII	石英-铯榴石带	钠长石-锂云母-钠长石	Ta、Li、Rb	0.08
α	石英-微斜长石核	石英-铯榴石-锂云母-钠长石	Cs	0.02
		石英-微斜长石	Rb、Cs	2.38

各分带特征如下:

(1)文象-变文象伟晶岩带:变化范围 1~10m,占整个脉体的 17.69%。主要分布在三号脉的下盘,尤其在北部地区更发育。石英与微斜长石交生在一起,形成文象结构。向脉体内部石英颗粒增大,形状从细长变为粒状,并逐步过渡为准文象伟晶岩。钠长石为准文象伟晶岩。钠长石、石英或白云母交代文象或准文象伟晶岩,形成变文象结构;钠长石交代一部分微斜长石成条纹长石。该带稀有金属矿产主要是铍,其矿石矿物是半自形-自形绿柱石($Be_3Al_2[Si_6O_{18}]$)。

(2)糖晶状钠长石带:变化范围 1~10m,占整个脉体的 15.14%。主要由细粒钠长石及少量石英、白云母、石榴子石、绿柱石、磷灰石组成,为主要的铍矿带。铍主要富集在糖粒状钠长石集合体中,尤其在白云母(1%~2%)—石英(<1%)—钠长石(85%~92%)组合里更富集,可形成矿巢(往往磷灰石含量亦高)。

(3)块状微斜长石带:变化范围 1~35m,占整个脉体的 17.94%。主要由微斜长石构成,含石英 5%~20%。二者构成粗粒(准)文象结构(发育在下部)。本带含有少量绿柱石,锂辉石、钽锰矿、锆英石等稀有元素矿物,一般不具工业意义。

(4)白云母-石英带:宽 4~13m,占整个脉体的 20%。主要由白云母、石英和少量钾长石、钠长石组成;副矿物有电气石、磷灰石、石榴石。铍、铌、钽矿化与白云母-石英集合体关系密切。

(5)叶钠长石-锂辉石带：变化范围 3～30m，占整个脉体的 14.77%。叶钠长石(叶长石)是呈叶片状产出的钠长石。本带主要由叶钠长石、锂辉石、石英、白云母组成，主要开采 Li、Nb、Ta 矿产。矿石矿物为锂辉石、铌钽锰矿及富碱绿柱石。

(6)石英-锂辉石带：宽 3～15m，占整个脉体的 8.74%。矿物组成与叶钠长石-锂辉石带相似，只是叶钠长石含量降低，石英含量增加(含量 40%～60%)。

(7)白云母-薄片状钠长石带：宽 3～7m，占整个脉体的 3.27%。主要由薄片状钠长石和鳞片状白云母组成，有少量微斜长石和石英。该带富含 Rb(主要分散在白云母内)、Cs(铯榴石、白云母、绿柱石)、Ta(钽锰矿、富钽铀细晶石)和 Hf。

(8)钠长石-锂云母带：宽 3～7m，占整个脉体的 0.08%。主要由钠长石和锂云母组成，还有少量石英、微斜长石及锂辉石。主要矿产是 Rb、Cs、Nb、Ta。

(9)核部块状微斜长石及石英带：宽 5～40m，占整个脉体的 0.51%。主要由微斜长石和石英组成，位于脉体核部，矿物成分简单。Rb、Cs 具工业意义，石英纯度达 99.9%。

各带中同种矿物存在着原生矿物和后期自交代的矿物，即矿物世代不同。

伟晶岩脉下部的缓倾斜脉体一般可划分为 3 个带：顶部文象-变文象伟晶岩带，中部糖晶状纳长石带，底部细粒伟晶岩带。

但在脉体膨大部分，可划分出 7 个带：①文象-变文象伟晶岩带；②块状微斜长石带；③白云母石英带；④糖晶状纳长石带；⑤叶钠长石-石英-锂灰石带；⑥钠长石-锂云母带；⑦细粒伟晶岩带。

各带矿物组合与上述岩钟体相应的带相似。

三、辽宁海城伟晶岩矿床

位于辽宁海城地区，是以开采长石为主的伟晶岩矿床。

区内出露的地层是前寒武纪变质岩系：

(1)太古代片麻岩系：主要由黑云母钾长石片麻岩、角闪片岩和绿帘斜长片岩等组成。其中有各种细晶岩和伟晶岩脉穿插。

(2)元古代辽河系：由云母岩、片麻岩、铁质岩及浅变质岩组成。

(3)震旦系：石英岩不整合盖在古老岩系之上。

区内花岗岩至少有两期：

(1)弓长岭花岗岩。分布广泛，在与围岩接触处常有混合岩化现象。

(2)中生代千山花岗岩。分布不广。

区内脉岩发育，有中生代的基性、中性、酸性等各种脉岩。伟晶岩脉为前震旦纪产物，分布广，多含矿。主要产于片麻岩和白云母片岩之中，特别是在断裂发育地带。形状多呈板状、凸镜状，亦有巢状、株状及其他不规则形状。最大的脉长 2 000m，宽 25～30m；最小的脉长不过几米，宽几厘米。一般延深几十米。按主要矿物组合和伟晶岩体形状及构造可划分为：

(1)含黑云母-稀土矿物的凸镜状、珠状分带长石伟晶岩。

(2)黑云母-稀土矿物板状长石伟晶岩。

(3)含白云母、绿柱石-铌铁矿的珠状或凸镜状分带长石伟晶岩。

(4)含白云母板状伟晶岩。

长石主要产在第一类伟晶岩中。该类伟晶岩主要分布在黑云母钾长石片麻岩和角闪片岩的接触带上。脉的膨大部位带状构造发育完全(图3-4、图3-5)。

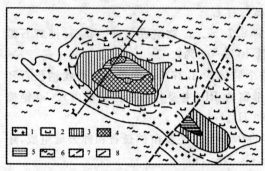

图3-4 海城伟晶岩矿床地质图
1. 细粒花岗岩带；2. 斜长石-石英文象伟晶岩带；
3. 块状斜长石带；4. 块状微斜长石带；5. 石英核心；
6. 片麻岩；7. 断层；8. 剖面位置

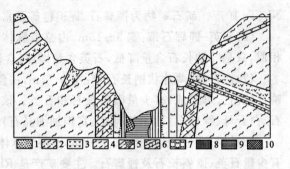

图3-5 海城伟晶岩矿床Ⅰ—Ⅰ'地质剖面示意图
1. 岩石碎屑；2. 钾长石片麻岩；3. 辉绿岩；4. 黑云母辉长片麻岩；5. 片麻状伟晶岩；6. 斜长石中粒伟晶岩；7. 文象带；8. 块状斜长石带；9. 石英核；10. 块状微斜长石带

实习单元四　接触交代矿床

一、实习内容

(一)目的要求

(1)掌握接触交代矿床的形成条件和基本地质特征。
(2)了解钙矽卡岩和镁矽卡岩的矿物共生组合特点及有关矿产。

(二)典型矿床实习资料

(1)湖北大冶铁山铁(铜)矿床。
(2)安徽铜陵铜官山铜矿床。
(3)辽宁锦西杨家杖子钼矿床。

(三)实习指导

(1)课前复习接触交代矿床的概念、特点、成矿作用和成矿过程。复习矽卡岩矿物(石榴子石类、辉石类、角闪石类矿物以及绿帘石、方柱石等)的鉴定特征。
(2)对接触交代矿床的研究,要从接触带构造及其两侧的岩浆岩和地层岩性着手,然后注意观察,分析矿体的形态、产状、矽卡岩矿物及类型、矿化与矽卡岩化时间和空间分布关系、矿石的矿物成分及结构构造、矽卡岩分带与矿体的关系、成矿阶段等。

(四)实习作业

(1)分析一个接触交代矿床的成因。
(2)对比上述3个接触交代矿床在矿化特征方面有什么明显的不同?

(五)思考题

(1)接触交代矿床是否就等于矽卡岩矿床?
(2)矽卡岩与角岩有什么区别?
(3)接触交代矿床最主要的形成条件是什么?
(4)接触交代矿床的特点有哪些?
(5)接触交代矿床在气水热液矿床中所处的地位及工业意义如何?
(6)传统的接触交代矿床成矿理论是什么?近年来有哪些补充和发展?

二、湖北大冶铁山铁(铜)矿床

位于湖北省东南部的大冶市(图4-1)。

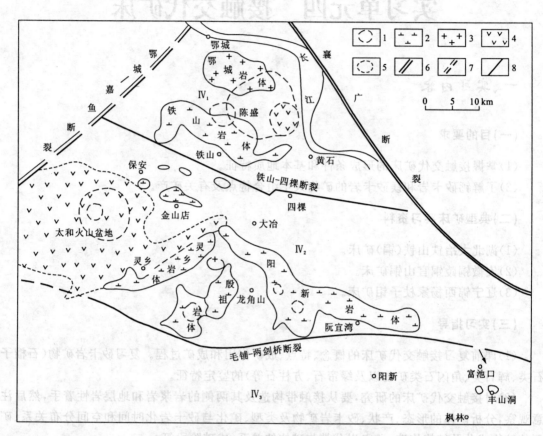

图4-1 鄂东南地区区域地质略图(据杨明银等,1995)
1. 重力异常推断中间岩浆房;2. 闪长岩;3. 花岗岩;4. 火山岩;
5. 磁法差值法推断岩浆上升通道;6. Ⅰ级断裂;7. 推断Ⅰ级断裂;8. Ⅱ级断裂;
Ⅳ₁. 铁山-黄金山逆冲滑覆构造带;Ⅳ₂. 殷祖-筠山逆冲滑覆构造带;Ⅳ₃. 大幕-枫林逆冲滑覆构造带

(一)区域地质概况

鄂东南地区位于中下扬子陆块的西段,北与桐柏-大别造山带相接,南与九岭-幕阜隆起带毗邻,处于岳阳-九江前陆褶冲带的东端前缘部位。本区北东以襄广断裂与桐柏-大别造山带相隔;西以鄂城-嘉鱼断裂与宝康-武汉前陆褶冲带及宜昌-武昌过渡褶皱带分割;南以坑口-排市断裂为界,构成一个三角形构造-岩浆岩区(图4-1)。

区内的构造变形主要由印支-燕山期构造运动所形成。印支期形成一系列褶皱束和叠瓦式的逆冲滑覆构造带,主要表现为北西西至东西向的弧形褶皱及走向逆冲断裂,上覆以滑片;燕山期形成北北东向的隆坳带,叠加褶皱、断裂,并辅以箕式盆地。在三角形区内,印支与燕山期构造直交叠加,又被铁山-四棵、毛铺-两剑桥断裂分割成3个梯形块体,形成铁山-黄金山、殷祖-筠山、大幕-枫林 3 个逆冲滑覆构造带。燕山运动伸展导致的引张作用使岩浆活动强烈，形成区内鄂城、铁山、金山店、灵乡、殷祖、阳新等主要侵入体和众多的小岩体群(图 4-1，图 4-2)，侵入岩出露面积达 612km²，伴生铜、铁、金等多金属矿床。

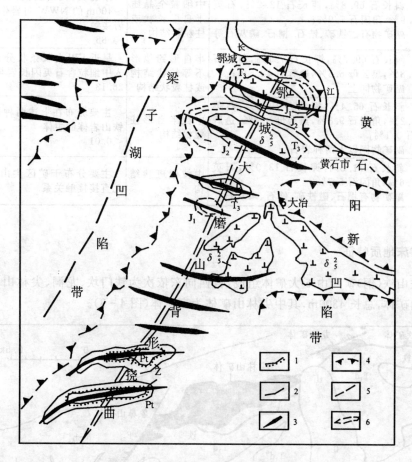

图 4-2 鄂东南地区地质构造略图

1. 不整合界线；2. 地质界线；3. 短轴背斜；4. 坳陷边界；5. 断裂；6. 推测地质界线；
Pt. 元古界；Z. 古生代；T_3. 上三叠统；J_1. 下侏罗统；J_2. 中侏罗统；δ_5^{2} 闪长岩(燕山早期)

岩浆岩：铁山岩体东西长 24km，南北宽 5km，面积 120km²，出露形状呈纺锤形。铁山岩体是燕山期多次岩浆活动形成的复式岩体。已查明有 4 次侵入活动，由老至新依次为中细粒含石英闪长岩、中粒黑云母透辉石闪长岩、正长闪长岩和斑状含石英闪长岩。各次岩浆岩特征见表 4-1。用钾氩法测定同位素年龄值为 138Ma(斑状含石英闪长岩)和 150Ma(黑云母透辉石闪长岩)。

岩浆岩的岩石化学特征：①属 SiO_2 弱过饱和及 SiO_2 不饱和的(黑云母透辉石闪长岩)岩石类型；②K_2O+Na_2O 含量高于中国和世界同类岩石，为富碱的岩石类型；③中细粒石英闪长岩、正长闪长岩和斑状含石英闪长岩中的 Fe_2O_3、FeO、MgO、CaO 含量低于中国和世界同类岩石。

表 4-1 铁山矿区岩浆岩特征表

岩石名称	矿物成分	岩石结构	分布及与矿体的接触面积比(%)
中细粒含石英闪长岩	斜长石 69.8%，钾长石 12.2%，石英 7.9%，角闪石 7.9%；副矿物有磁铁矿、锆石、榍石、磷灰石等	中细粒全晶质半自形粒状或柱粒状结构	东起尖山、西到铁门坎成一宽 200~400m 的 NWW 向岩带直接与大理岩接触 73.86
黑云母透辉石闪长岩	斜长石 69.7%，钾长石 7.1%，角闪石 0.8%，黑云母 6.6%，透辉石 12.5%；副矿物同上	半自形到他形不等粒状结构或柱粒状结构	呈近 EW 向长条状分布，有分支插入中细粒含石英闪长岩与大理岩中 26.13
正长闪长岩	斜长石 65.4%，钾长石 19.3%，石英 3.2%，角闪石 9.3%，黑云母 0.4%，透辉石 0.1%；副矿物同以上两种岩石	中粒半自形柱粒状结构	主要分布在上述两种岩石以北，是铁山岩体的主体 <0.01
斑状含石英闪长岩	斜长石 71.8%，钾长石 13.0%，石英 7.6%，角闪石 5.7%；副矿物有榍石、磁铁矿、锆石、磷灰石	中粒似斑状结构	主要分布于矿区尖山以东与矿体无直接接触关系

(二)矿床地质特征

大冶铁山铁(铜)矿床由 6 大矿体组成，自西向东依次为铁门坎、龙洞、尖林山、象鼻山、狮子山和尖山矿体，总长 4300m，其中尖林山矿体为盲矿体(图 4-3)。

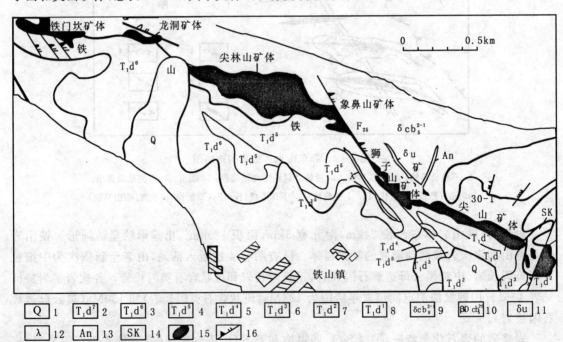

图 4-3 大冶铁山矿区地质图

1. 第四系；2. 第七段具花斑构造的大理岩；3. 第六段大理岩夹少量白云质大理岩；4. 第五段大理岩常具细齿状缝合线；5. 第四段大理岩含角岩石香肠断块；6. 第三段石榴石-透辉石大理岩；7. 第二段夹角岩条带大理岩；8. 第一段页岩夹泥灰岩有时角岩化；9. 中细粒含石英闪长岩；10. 黑云母透辉石闪长岩；11. 闪长玢岩；12. 煌斑岩体；13. 钠长岩脉；14. 矽卡岩；15. 矿体；16. 压性断裂

1. 矿体特征

矿体总体呈似层状,产于正接触带中,走向 NWW 向。其形态在不同地段差异较大,可呈脉状、透镜状、囊状等。沿走向长度在 360～872m 之间,最大斜深 550m,最小 20m,一般 100～400m。最大厚度 180m,最小 10m,一般 30～80m(图 4-4、图 4-5)。

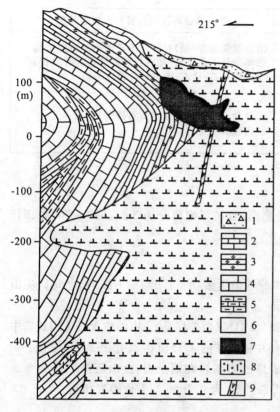

图 4-4 象鼻山矿体勘探线剖面图
1. 残坡积层;2. 第六段大理岩;3. 第六段白云质大理岩;4. 第五段大理岩;5. 第四段含角岩石香肠断块大理岩;6. 闪长岩(局部矽卡岩化);7. 铁矿体;8. 矽卡岩;9. 煌斑岩

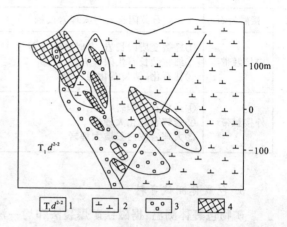

图 4-5 35 勘探线剖面图(尖山矿体)
1. 第二、三段石榴子石大理岩;2. 闪长岩(部分蚀变);3. 矽卡岩;4. 铁矿体

2. 矿石物质成分及结构构造

矿石中矿物成分复杂,仅原生矿物已达 40 余种。矿石构造有块状、孔洞-晶簇状、角砾状、花斑状、条带状、浸染状等。矿石结构以细粒他形结构、交代残余结构、网状结构为主,其次有骸晶结构、假象结构、乳滴状结构、自形晶粒结构等。

本矿床产铁为主,铜为辅,伴生有多种有益组分,有害杂质含量较低。铁品位最高可达 70%,最低 20%,一般 50%～60%,平均 53%。铜品位最高 12%,最低 0.1%,一般 0.2%～1%,平均 0.58%。可回收利用的有益伴生组分有 Co、Au、Ag 及 Mn、V、Ti、Cr 等。有害杂质除 S 外,As、P、Zn 等含量较低。

铜矿化在大部分地段与铁矿体一致,但在铁矿体靠近大理岩一侧或在其深部尖灭部位较富集,而在闪长岩接触带附近较贫,局部地段铜矿化浸染于矿体两侧围岩中。

3. 成矿期和成矿阶段

石准立等(1982)将大冶铁山铁(铜)矿床划分成两个成矿期。第一成矿期包括磁铁矿阶段,赤铁矿-菱铁矿阶段和硫化物阶段。第二成矿期可划分为矽卡岩阶段、磁铁矿阶段、石英-硫化物阶段和碳酸盐阶段。主矿体在第一成矿期形成。

4. 围岩蚀变

主要有矽卡岩化、钠化、钾化、碳酸盐化、绿泥石化和蒙脱石化等。前3种蚀变与矿化关系密切,且在黑云母透辉石分布地段发育较强烈,围岩蚀变呈现分带性(表4-2)。

表4-2 围岩蚀变分带

接触岩石	石英闪长岩与大理岩接触	黑云母透辉石闪长岩与大理岩接触
内接触带	①轻微变质闪长岩、有时显钠长石化 ②细粒钠长石化闪长岩 ③柱石化、钠长石化闪长岩	①轻微变质钾(钠)长石化黑云母透辉石闪长岩 ②网脉状石榴子石-柱石化黑云母透辉石闪长岩 ③石榴子石-柱石-钾(钠)长石矽卡岩
外接触带	①透辉石矽卡岩 ②透辉石硅化大理岩 ③大理岩或白云质大理岩	①含金云母透辉石次透辉石矽卡岩 ②大理岩

5. 包裹体测试资料

矿物包裹体测温:据磁铁矿爆裂法和均一法测温,成矿温度可分为3组:620～700℃、545～560℃、320～420℃。

6. 同位素组成

硫同位素:铁门坎至狮子山矿体中的黄铁矿 $\delta^{34}S$ 值大多在 +1.9‰～+3.3‰ 之间。尖山矿体略低,为 -0.3‰～+1.4‰。

氧同位素:大冶群大理岩 $\delta^{18}O$ 值为 23.23‰ 和 23.31‰(两个样品)。中细粒含石英闪长岩中副矿物磁铁矿的 $\delta^{18}O$ 值为 3.59‰ 和 3.95‰。矿体中磁铁矿 $\delta^{18}O$ 值在 3.4‰～8.8‰ 之间。

铷、锶同位素:据前人资料,铁山岩体、鄂城岩体的岩浆岩和铜录山、金山店两矿体中金云母所测定的 Rb、Sr 同位素等时线截距表明初始 $^{87}Sr/^{86}Sr$ 为 0.7000 与上地幔岩相近。

三、安徽铜陵铜官山铜矿床

位于安徽省铜陵市东南郊,是我国长江中下游铁铜成矿带中著名的铜矿床之一。

(一)区域地质概况

铜陵地区位于贵池-马鞍山隆起带(印支期隆起带)的中部,西以郯庐断裂为界分别与华北地块和大别地块毗邻,南东与江南台隆相连。南、北两侧分别被两条东西向的隐伏基底断裂所围限,与贵池、繁昌两个北东向的"S"状窿褶带相隔;东西两侧分别为北东向大型断裂带为界,构成一个相对独立的菱形隆起地块(图4-6)。

(二)矿区地质概况

铜官山铜矿床位于铜陵-戴家汇东西向基底断裂带的西端,铜官山"S"状背斜的北西翼。燕山晚期中酸性岩浆侵入活动形成了铜官山岩体,呈 NE 向展布,与铜山背斜一致。沿接触带由南向北分布有白家山、宝山、老山、小铜官山、老庙基山、招树山、笔山、罗家村 8 个矿段(图4-7)。

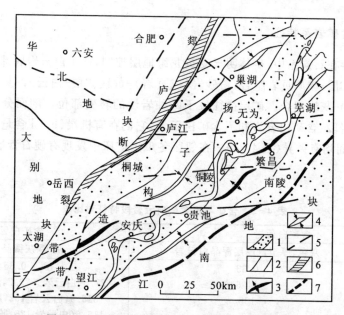

图 4-6 下扬子地区构造简图（据刘文灿等，1996）

1. 沉降带；2. 隆起带；3. 背斜轴；4. 向斜轴；5. 断层；6. 郯庐断裂带；7. 构造单元边界

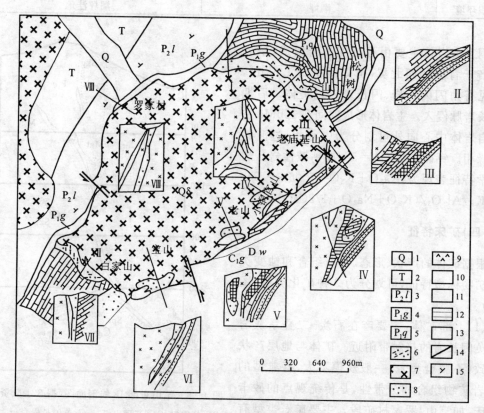

图 4-7 铜官山铜矿地质图

1. 第四系堆积层；2. 三叠系；3. 龙潭组页岩粉砂岩；4. 孤峰组硅质岩；5. 栖霞组灰岩；
6. 高骊山组粉砂页岩，五通组石英岩；7. 石英闪长岩；8. 石榴石矽卡岩；9. 透辉石矽卡岩；
10. 磁铁矿；11. 磁黄铁矿；12. 含铜蛇纹岩；13. 铁帽；14. 断层；15. 岩层产状

· 41 ·

(三) 地层及含矿岩系特征

矿体主要赋存在石炭系中，矿体明显受黄龙组地层控制，产于白云岩底部。有 3 种含矿组合：粉砂岩-黄铁矿层-碳质页岩组合；粉砂岩 (或页岩)-黄铁矿层-白云岩-灰岩组合；白云岩-菱铁矿 (或黄铁矿)-灰岩组合。矿层往往位于两种岩性的转变部位。剖面分析表明中上石炭统白云岩段和灰岩段、含矿白云岩和不含矿白云岩，它们在有机炭、F、Cl 含量和 Sr/Ba 比值及 pH、E_h 条件等方面均有差异 (表 4-3)。在邻区冬瓜山矿床中发现有硬石膏层，其 $\delta^{34}S$ 平均值为 16.69‰。

表 4-3 含矿与不含矿白云岩段特征对比表

岩性	不含矿白云岩	含矿白云岩
	灰色、厚至巨厚层泥晶白云岩	灰-深灰微晶白云岩
有机炭 (%)	0.33	0.35
Sr/Ba	11.6	27.5 (白云岩>79.2，胶黄铁矿 9.07)
F(10^{-6})	138	318.9 (白云岩 162，胶黄铁矿 515)
Cl(10^{-6})	58	115.6 (白云岩 126，胶黄铁矿 102.5)
$\delta^{18}O$(‰)	+25.97	+22.33
$\delta^{13}C$(‰)	+2.29	+1.61
沉积环境	潮坪	潮坪洼地

铜官山岩体主要由石英闪长岩组成，呈岩株状产于背斜的西北翼，出露面积约 1.5km²，其中见有角闪闪长岩、闪长斑岩包裹体。后期有二长岩脉侵入。主岩体形成时间在 150Ma 左右。自岩体中心向外可划分为中心相、过渡相和边缘相。钙碱指数 CA=58，属钙碱性岩。岩石化学特征表现为：$Na_2O+K_2O=7.06\sim7.54$；$Na>K$。$Al_2O_3/(K_2O+Na_2O+1/2CaO)>1$。

(四) 矿床特征

根据矿体的产状、形态、矿石组合和蚀变类型及矿物标型特征，可划分为 3 种矿化类型 (图 4-8)。

(1) 上部矿体：主要产在石炭-二叠系灰岩与石英闪长岩的接触带附近。矿体与地层产状不一致 (不整合型)。一般规模不大，有典型的矽卡岩矿物组合和分带性，是传统观点的矽卡岩矿床，如笔山、罗家村矿段。主要矿石类型有磁铁矿型、磁黄铁矿型、黄铁矿型和矽卡岩型。矿石构造为块状构造、脉状构造等，具交代残余、交代充填、固溶体分离等结构。矿石中微量

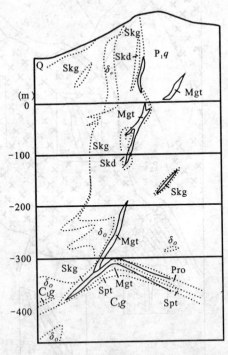

图 4-8 笔山东部 13 线剖面图 (据 321 队资料)
P_1q 栖霞组；C_1g 高骊山组；δo 石英闪长岩；Spt 蛇纹岩；Mgt 磁铁矿；Pro 磁黄铁矿；SKd 透辉石矽卡岩；Skg 石榴石矽卡岩；虚线为岩性界线；实线为铜矿体界线

元素 Zn、Co、Ga 含量较高，Ni 含量低。

（2）中部矿体：主要产于中石炭统底部的白云岩中，呈层状。层位稳定，水平延伸可达几千米。与地层产状一致（整合型矿体）。当位于接触带附近时可与上部矿体相联结，构成"人"字型矿体。矿石类型有磁铁矿-蛇纹石型、磁黄铁矿-蛇纹石型、黄铁矿-蛇纹石型、胶状黄铁矿-白云石型。在矿石中保留了大量的原生沉积构造（层纹、条带、皱纹、胶状、莓球、残余鲕等）。镜下资料表明，在磁铁矿、磁黄铁矿中保留有残余的胶状黄铁矿，甚至在黄铁矿中也可见到胶状黄铁矿残余。此类矿石中的矿物生成顺序是：胶状黄铁矿-晶质黄铁矿-磁黄铁矿-磁铁矿-黄铜矿。黄铜矿主要是后期叠加在早期矿物之上的，一般呈似条带状、浸染状、细脉状，伴有黄铁矿、石英、方解石等。

宏观和微观资料表明中部矿体中存在着两种成因系列的矿物组合：胶状黄铁矿-晶质黄铁矿-磁黄铁矿-磁铁矿组合和磁铁矿-磁黄铁矿-黄铁矿、黄铜矿组合。这两个组合中的磁铁矿产状及物理参数均不相同，氧同位素也略显不同，但化学成分差异则不明显（表 4-4、表 4-5）。

表 4-4 两类磁铁矿特征简表

特征	类型	层控矽卡岩型（沉积变质型）	矽卡岩型（热液交代型）
宏观标志		细粒，具条带状构造，残余鲕状构造；成层产出，早于矽卡岩	粗粒，具交代结构形态不规则，受构造控制
物理参数	密度(g/cm^3)	4.11~4.26	4.54~4.64
	反射率	18.9~21.36	20.22~22.22
	爆裂温度（℃）	>510	<500
	磁化率	较低，$7.60×10^{-4}$	较高，$11.75×10^{-4}$
微量元素(10^{-6})		含 V、Ti 低(41~220,24~220)、Be(5.1~6.1)	含 V、Ti 较高(54~560,161~340)、Be(2.8)
$\delta^{18}O$(‰)		5.85	3.84

中部矿体中有两类黄铁矿标型特征不同（表 4-6），表明地层中的黄铁矿与整合矿体中的黄铁矿相似，而与岩体中的黄铁矿有明显区别。中部矿体围岩以镁矽卡岩蚀变为特征，从接触带到围岩蚀变分带为镁橄榄石-金云母-蛇纹石-大理岩，相应的矿化分带是磁铁矿-磁黄铁矿。铜矿化是叠加的，远离接触带呈现 Cu(Mo)-Cu(Pb·Zn)-Fe(Au)的变化趋势。

表 4-6 各类黄铁矿的标型特征

产状	参数	密度(g/cm^3)	维氏硬度(kg/mm^2)	反射率(R)	热电系数($mV/℃$)	红外光谱(cm^{-1})	晶胞参数(Å)	硫原子系数	Co/Ni	$\delta^{34}S$(‰)
地层中		4.901			+188.9(P)	419.7	5.417 4	1.990 9	0.21	+4.08
矿体中	胶状	4.345	900	49.27	+99.1(P)	424	5.416 4	1.852 4	4.00	+4.20
	微细晶	4.868	1 199	51.29	-54.8(N+P)	420		1.968 3	14.00	+4.01
	粗晶	5.092	1 862	53.08	-95.7(N+P)	422	5.417 2	2.001 2	18.13	+4.47
岩体中		4.813			-100.2(N)	418	5.418 2	2.054 8	1.46	+2.35
热液胶状		4.357			-17.8(N)		5.417 2	2.003 4		+1.4

(3)下部矿体：属热液石英脉型，以含铜石英网脉为特征，发现于老庙基山-175m、-215m中段的岩体边缘和底板角页岩中。脉宽0.1~5cm，主要矿物有黄铜矿及少量辉钼矿、闪锌矿、黄铁矿，偶见白钨矿。主要矿石类型有含铜蚀变闪长岩和含铜石英脉两种。在黄铁矿中富Co、Ni，其Co/Ni>1，S/Se≈15 000。近矿蚀变为黑云母化，局部为白云母化、绢云母化等。

上、中、下矿体构成了"三位一体"的矿床组合。它们可以组合在一起，也可单独出现，其特征不同，但受统一的成矿作用控制(表4-7)。

表4-7 铜官山铜矿体组合特征简表

类型特征	上部矿体	中部矿体	下部矿体
控矿因素	接触带构造	层位、岩性控制为主	构造和侵入裂隙
矿体形态	透镜状、不规则状	层状、似层状	网脉状、脉状
矿石构造	块状、脉状	层纹状、皱纹状、条带状、块状	细脉浸染状
矿石结构	交代熔蚀、固溶体分离结构、半自形晶	草莓状、变晶、残余结构、交代结构	粒状和固溶体分离结构
矿物生成顺序	磁铁矿→黄铁矿→磁黄铁矿→黄铜矿	胶状黄铁矿→晶质黄铁矿→磁黄铁矿→磁铁矿→黄铜矿	黄铜矿→黄铁矿→闪锌矿
围岩蚀变特征	石炭、二叠纪灰岩 矽卡岩化	中石炭世白云岩 滑石、蛇纹石化为主	闪长岩、角岩、石英岩 黑云母化、绢云母化

四、辽宁锦西杨家杖子钼矿床

位于辽宁省锦西县，为大型钼多金属矿床。

(一)区域地质概况

杨家杖子钼矿田包括岭前(杨家杖子本区)、北松树卯、新台门、钢屯和兰家沟5个钼矿床，呈NE向矿带分布在山海关地穹(隆起)与北票、南票地洼盆地(凹陷)的接触带附近(图4-9)。钼矿床在成因上与燕山期花岗质岩浆分异演化晚期的酸性小侵入体有关。受青龙-锦西-阜新大断层和女儿河断层控制，形成一个自SW至NE长约160km的构造-岩浆成矿带，是我国主要的钼矿资源基地之一。矿田内各矿床类型虽不尽相同，但具有密切的生成联系，是"同源多体"的同一成矿系列的矿体。

(二)岭前钼矿床

该矿床发现开发得最早，是世界著名的大型钼矿，位于近EW走向的笔架山向斜北翼。区内出露地层主要有震旦系、寒武-奥陶系和石炭、二叠系。矿体产出在粗粒斑状花岗岩(粗粒二长花岗岩)与寒武-奥陶系灰岩接触带的外侧，距接触带数百米范围内的矽卡岩带中。有钼矿体20余个，呈似层状，产状与围岩一致(图4-10)。

矿石以浸染状为主。矽卡岩矿物成分以透辉石、石榴子石为主，其次为透闪石、阳起石、绿帘石、符山石和绿泥石等。金属矿物以辉钼矿为主，此外还有少量黄铁矿、黄铜矿、磁黄铁矿和

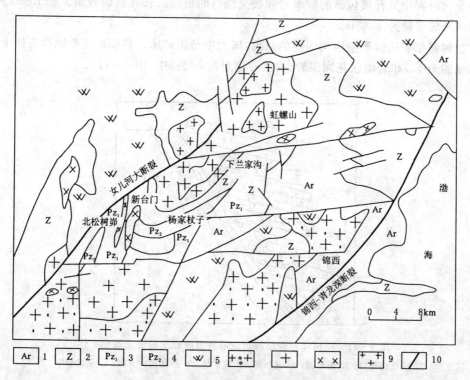

图 4-9 杨家杖子-兰家沟区域地质简图

1.太古界；2.震旦系；3.下古生界砂岩、灰岩、页岩；4.上古生界混合岩、混合花岗岩、片麻岩；5.中生界安山岩,碎屑岩；
6.黑云母花岗岩－花岗闪长岩；7.粗粒似斑状花岗岩；8.花岗闪长岩；9.细粒似斑状花岗岩；10.深大断裂

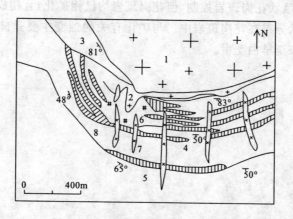

图 4-10 杨家杖子钼矿床地质略图

1.粗粒斑状花岗岩；2.细粒斑状花岗岩；3.中-晚元古代燧石灰岩石英砂岩；4.寒武系-奥陶系石灰岩、黑色页岩；
5.石炭-二叠系砂岩；6.石榴石-辉石矽卡岩；7.正长斑岩脉；8.钼矿体

外依次为辉钼矿和闪锌矿矿体。

矿区北部的花岗岩岩基同位素年龄为186Ma(钾-氩等时线年龄值),可能为早侏罗世产物。矿区矽卡岩中金云母的钾-氩年龄值为183Ma。

在花岗斑岩中见有被包裹的矽卡岩和被交代过的粗粒二长花岗岩残余。据Re-Os法计

在花岗斑岩中见有被包裹的矽卡岩和被交代过的粗粒二长花岗岩残余。据 Re-Os 法计算辉钼矿形成年龄为 138Ma。

北松树卯钼矿床位于哑鹿沟向斜的东翼,属大中型钼矿床。辉钼矿主要赋存在矽卡岩(占工业储量的 60%)和岩墙状花岗斑岩(占工业储量的 40%)中(图 4-11)。

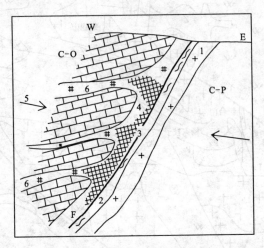

图 4-11 松树卯逆断层与顶盘羽状裂隙相交处形成富钼矿体
1.花岗斑岩;2.断层泥;3.逆断层;4.富矿体;5.挤压应力方向;6.羽状裂隙

(三)新台门钼矿床

位于北松树卯之北约 3km,是 20 世纪 50 年代发现的一个中型钼矿床。与北松树卯同受同一断裂和同一个岩墙状花岗斑岩控制,但花岗斑岩均已钼矿化,且构成工业矿体。辉钼矿受裂隙控制,呈复合脉状分布在花岗斑岩中。与矿化有关的蚀变主要是硅化。成矿时代与北松树卯同时,为侏罗纪末至早白垩世。

实习单元五　热液矿床

一、实习内容

(一)目的要求

(1)掌握不同类型热液矿床形成的地质条件。

(2)了解不同类型热液矿床的矿体形状、产状,矿石中矿物共生组合、矿石结构构造,近矿围岩蚀变,矿物包裹体,稳定同位素等方面的特征。并根据这些特征初步学习分析成矿控制因素,从而进一步认识矿床的成因。

(二)典型矿床实习资料

(1)江西西华山钨矿床。
(2)山东胶东金矿床。
(3)湖南桃林铅锌矿矿床。
(4)贵州万山汞矿床。
(5)贵州贞丰水银洞金矿床。
(6)云南金顶铅锌矿床。

(三)实习指导

由于成矿溶液和成矿物质的多来源,成矿的多阶段以及多种多样的成矿环境,形成了种类众多的热液矿床类型。各类热液矿床一方面有共同的特征,同时也有各自的特征,这一点可以通过不同类型的矿床实例对比了解。

在观察各种热液矿床实例时,应具体分析成矿基本控制因素:地层、构造;有的矿床还应考虑岩浆岩和岩相条件。

研究矿石的矿物共生组合、结构构造;围岩蚀变;成矿期和成矿阶段;矿物包裹体特征;成矿温度,稳定同位素等对判断矿床成因有重要意义。

由于热液矿床成矿的复杂性,往往使一个矿床有多种成因解释。对不同的成因观点,可根据自己掌握的资料,持赞成或不赞成态度。

(四)实习作业

(1)描述或列表对比各热液矿床实例的特征。
(2)分析构造、地层、岩浆岩对某矿床的控制。
(3)分析某矿床的成因。

(五)思考题

(1)热液矿床有哪些共同特点？
(2)热液矿床与岩浆矿床、伟晶岩矿床的主要区别是什么？
(3)研究围岩蚀变有什么意义？
(4)热液矿床有哪些主要矿产？在国民经济中的意义如何？

二、江西大庾西华山钨矿床

我国江西、广东、湖南及福建等省是世界最著名的钨矿产区。江西大庾西华山钨矿是我国众多钨矿区之一，也是赣南钨矿的一个典型矿床。

(一)区域地质概况(图 5-1)

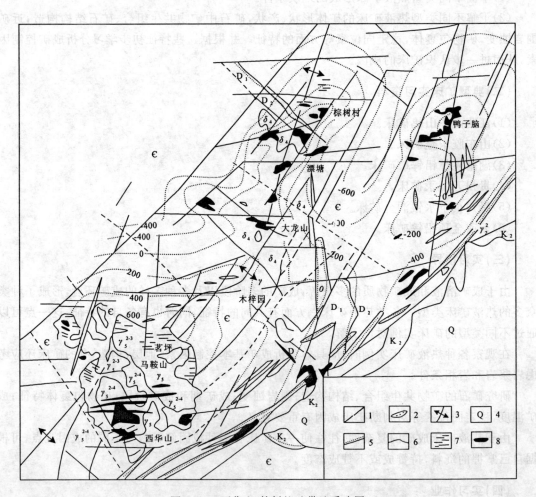

图 5-1 西华山-棕树坑矿带地质略图

1. 断层及推测部分；2. 硅化(破碎)带；3. 复向斜轴线；4. 隐伏花岗岩顶板等高线；5. 地层不整合界线；6. 地质界线；7. 含矿石英脉；8. 矿化带；Q. 第四系；K_2. 上白垩统；D_2. 中泥盆统；ϵ. 寒武系；δ_4. 华力西期石英闪长岩；γ_5^{2-3}. 燕山早期第三阶段细粒斑状黑云母花岗岩；γ_5^{2-4}. 燕山早期第四阶段花岗斑岩

1. 地层

震旦系为浅变质长石石英砂岩、板岩夹凝灰质砂页岩、砂砾岩。上部为硅质岩,可作标志层,总厚度小于6 000m。寒武系以砂岩、砂质板岩互层为主,偶夹灰岩透镜体。底部以含碳质板岩、石煤层为特征,整合覆在震旦系之上,厚小于7 000m。奥陶系为砂质板岩、含碳质板岩、板岩、变余长石石英砂岩、凝灰质砂岩及结晶灰岩等,厚＜450m。其中,震旦系、寒武系浅变质砂板岩中普遍具有高的钨元素异常(表5-1)。

表5-1 粤北、赣南各时代地层相对富集与贫化主要成矿元素一览表(据於崇文等,1987)

浓集系数 (k) 地层时代	k≥1.5	0.5≤k＜1.5	k＜0.5
三叠系	Pb、Ag	W、Sn、Bi、Zn	Mo、Cu
	Bi、Zn	W、Sn、Cu、Pb	Mo、Ag
二叠系	Pb	W、Sn、Mo、Bi、Zn、Ag	Cu
	Bi	W、Sn、Pb、Zn、Ag	Mo、Cu
石炭系	Sn	W、Bi、Ag	Mo、Cu、Pb、Zn
	Bi	W、Sn、Pb、Zn、Ag	Mo、Cu
泥盆系	Sn、Bi	W、Pb、Ag	Mo、Cu、Zn
	W、Sn、Bi	Mo、Pb、Zn、Ag	Cu
奥陶系	Mo、Bi、Pb	W、Sn、Zn、Ag	Cu
	Sn、Mo、Bi、Zn	W、Cu、Pb、Ag	
寒武系	Pb	Sn、Bi、Cu、Zn、Ag	W、Mo
	W、Sn、Bi、Pb	Mo、Cu、Zn、Ag	
震旦系	Bi	W、Sn、Cu、Pb、Zn	Mo、Ag
	W、Sn、Bi、Pb	Mo、Cu、Zn、Ag	

注:单元格横线上表示粤北,横线下表示赣南;k≥1.5——富集,0.5≤k＜1.5——相对富集,k＜0.5——亏损

2. 构造

本区位于华南加里东地槽褶皱区,NE向断裂为本区基础构造,EW向断裂亦较发育。多组断裂交汇处是岩浆侵入和矿化集中区。

3. 岩浆岩

西华山花岗岩体同位素年龄为160～184Ma,应属燕山早期。岩体呈椭圆形岩株,出露面积20km²,是一个复式岩体,其侵入期次如表5-2。

西华山花岗岩体中微量元素特征:①W、Sn、Be、Mo、Li、Rb、Cs、Y、Nb、U含量较高,一般高于酸性岩平均含量的几倍到十几倍。Cu、Zn、Zr含量低于酸性岩的平均含量。②前锋花岗岩中的Be、Li、Cs、Mo、Cu、Pb、Zn、B含量较"侵入"阶段花岗岩中的高,而W、Sn、Nb、V、Sr、

Y、Yb 的含量则较"侵入"花岗岩低。总之,前锋花岗岩中亲硫元素含量高,"侵入"花岗岩中亲氧元素含量较高。③从早期到晚期 W、Sn、Nb、V、Sr、Y 及 Yb 的含量有增高趋势,特别是 W 在晚期最富集。④西华山花岗岩中的黑云母含 Sn、U、Nb、Zr 等较高,长石中含 W 较高。

表 5-2 西华山花岗岩体侵入期次表

项目 期次	阶段	代号	岩性
一	前锋花岗岩	$\gamma g^{1-1'}$	斑状中粒花岗岩
一	"主侵入"	γg^{1-1}	中粒黑云母花岗岩
二	前锋花岗岩	$\gamma g^{1-2'}$	斑状中细粒花岗岩
二	"主侵入"	γg^{1-2}	中细粒黑云母花岗岩
三	前锋花岗岩	$\gamma g^{1-3'}$	斑状细粒花岗岩
三	"侵入"	γg^{1-3}	细粒石榴石自变质花岗岩

(二)矿床地质特征

西华山钨矿区面积约 6km²(图 5-2),产于花岗岩中的黑钨矿为典型的气成-高温热液的黑钨矿-石英脉,其主要特征为:

含钨石英脉多产于发育完善的剪切节理中,或产在剪裂带、破碎带中,成组成带平行出现。矿脉走向 NE85°—NW60°~80°。矿脉密集但大小不一,宽 10~30cm,长 100~600m。延深几十米到 200~600m,个别可达 1 000m。

矿脉主要由石英(占 90%~95%以上)和黑钨矿组成。其他金属矿物还有锡石、辉钼矿、辉铋矿、白钨矿、毒砂、黄铁矿、黄铜矿、闪锌矿、方铅矿等。非金属矿物有白云母、钾长石、电气石、绿柱石、黄玉、萤石、绢云母等。

矿石结构:自形、半自形、他形粒状结构。

矿石构造:团块状、浸染状、条带状、对称条带状、梳状、晶洞状及角砾状构造。

矿石平均品位:WO_3 为 1.6%,一般为 0.47%~2.15%,富矿大于 1%,贫矿小于 1%。沿矿脉走向矿体中部较富,两端逐渐变贫。在垂直方向上,矿化深度一般在花岗岩体顶面以下 70~100m,其中主脉可达 250~300m。WO_3 含量在中部较高,上部和下部较低,根部无矿。

近矿围岩蚀变:云英岩化、钾长石化、硅化发育,此外还有钠长石化、绢云母化、碳酸盐化等。云英岩呈不规则囊状,并有黑钨矿、锡石、白钨矿及辉钼矿矿染,蚀变强烈者一般品位较高,常具有工业意义。

西华山岩体实测的石英和黑钨矿包裹体水 δD 值为 $-35.71‰~72.38‰$,$\delta^{18}O$ 计算值为 9.51‰,全岩 $\delta^{18}O$ 值为 11.77‰。以上数值基本都落在岩浆水(δD 为 $-50‰~-85‰$,$\delta^{18}O$ 为 $+5.5‰~+10‰$)的范围内。硫同位素组成见图 5-3。据包裹体测温,矿脉形成温度为 260~325℃。

20 世纪 60 年代,我国钨矿地质工作者对一部分石英脉黑钨矿总结出"五层楼"成矿规律,

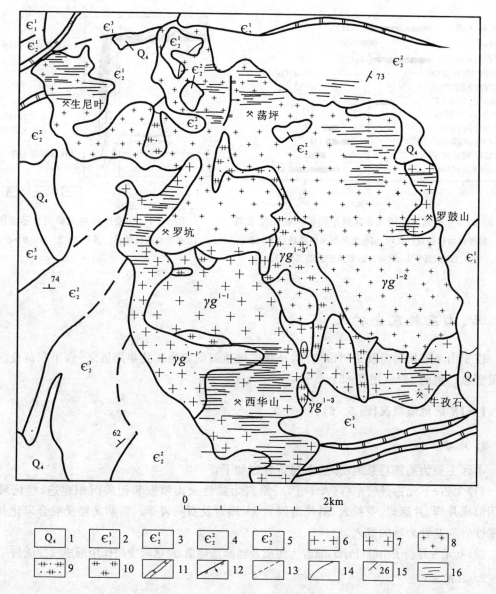

图 5-2 西华山钨矿床地质略图

1. 第四系；2. 寒武系下统上部；3. 寒武系中统下部；4. 寒武系中统中部；5. 寒武系中统上部；6. γg^{1-1} 变斑状中粒花岗岩；7. γg^{1-1} 中粒黑云母花岗岩；8. γg^{1-2} 变斑状中细粒花岗岩；9. γg^{1-3} 斑状细粒花岗岩；10. γg^{1-3} 细粒石榴石自变质花岗岩；11. 硅化带；12. 断层；13. 推测地层界线；14. 实测地质界线；15. 地层产状；16. 矿化石英细脉

岩突控矿认识(图 5-1)及蚀变作用与成矿的关系(图 5-4)，并运用于找矿取得了良好的效果。

本类矿床过去仅作为钨矿开采，后来在蚀变岩石和花岗岩体中发现了丰富的铌、钽和稀土元素。

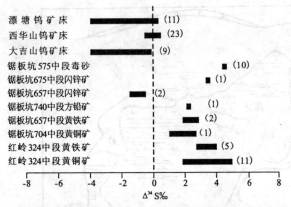

图 5-3 研究区外围及邻区典型钨矿床硫同位素值
(括号内为样品数);红岭、锯板坑数据来源陈毓川等,1989;
大吉山、西华山、漂塘数据来源于於崇文等,1987

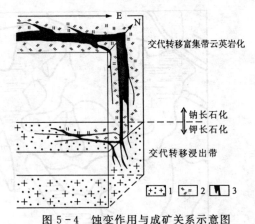

图 5-4 蚀变作用与成矿关系示意图
1. 碱性长石化岩;2. 云英岩;3. 黑钨矿-石英脉

三、山东胶东金矿床

位于山东省招远市及莱州市境内,是我国最重要的黄金矿化集聚区之一,年产黄金约占全国黄金总产量的 25%(图 5-5)。

(一)矿区地质概况(图 5-5):

1. 地层

本区主要为前震旦系地层,从老到新分布如下:

(1)太古-下元古界胶东群(Ar-Pt):原岩为基性火山喷发和泥质沉积建造,经区域变质作用形成片岩、片麻岩、变粒岩、斜长角闪岩、大理岩及石英岩等。后期又经受混合岩化并伴随超基性岩和基性岩脉的贯入。

(2)上元古界粉子山群(Pt_3f):原岩为泥质及碳酸盐建造,经区域变质作用形成浅变质岩系。

2. 岩浆岩

区内广泛发育两类花岗岩,约占出露岩石的 70%。

(1)玲珑花岗岩:在矿区内与胶东群蓬夼组岩层呈和谐的、界线清楚的混合交代接触关系。岩体中广泛发育有交代残留体和交代残留构造及阴影构造,其产状与区域构造线相一致,这些特点反映了玲珑花岗岩是混合岩化交代作用的产物。

(2)郭家岭花岗闪长岩:主要分布于玲珑花岗岩中,呈岩株状分布。岩石具有典型的似斑状构造,钾长石矿物粒径一般可达 4~10cm。岩石化学及微量元素研究表明,郭家岭花岗闪长岩为上地幔与下地壳局部熔融形成的混合岩浆。

据同位素年龄分析,"玲珑岩体"和"郭家岭岩体"分别为 150~160Ma 和 130~120Ma,分属燕山早期和燕山晚期两个不同的时代。

3. 构造

矿区位于东西向构造与华夏系构造复合部位的黄县弧形断裂带上。华夏系构造与东西向

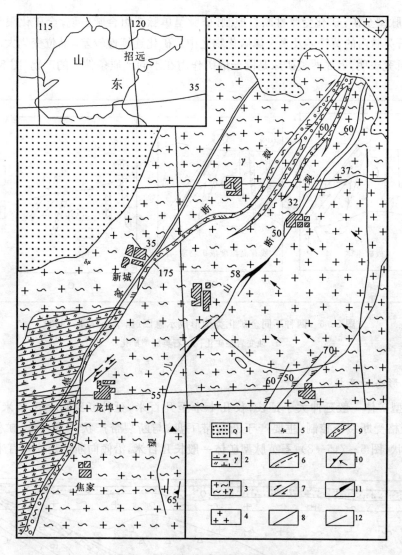

图 5-5 焦家成矿带地质构造略图

1. 第四系；2. 胶东群斜长角闪岩；3. 玲珑花岗岩；4. 郭家岭花岗闪长岩；5. 闪长玢岩；6. 地质界线；
7. 压扭性断层；8. 张性断层；9. 挤压破碎带；10. 岩体产状，流线方向；11. 矿体；12. 剖面位置编号

构造的复合作用控制"玲珑岩体"和"郭家岭岩体"的形成和分布。矿区内构造以断裂构造为主，矿床就产在断裂构造之中。

(二) 矿床特征

1. 矿化类型

区内金矿床矿化类型可划分为两种类型，即蚀变岩型矿化（也称焦家式金矿）和石英脉型矿化（也称玲珑型金矿）。

(1) 焦家式金矿床：矿化受断裂破碎带控制，与破碎带内的碎裂岩带空间关系密切。构造岩蚀变强烈，矿化主要与黄铁绢英岩化关系密切。矿化较均匀，连续性好，矿石组构简单、规模巨大。

(2)石英脉型金矿:矿化受张性断裂控制,矿脉呈单脉或组合脉出现,金矿化限于石英脉内,主要赋存于石英脉内的黄铁矿及多金属硫化物之中。矿化连续性较差,品位变化大,规模多以中小型居多。研究表明,上述两类矿床是同一成矿作用在不同地质条件下的产物(图5-6)。

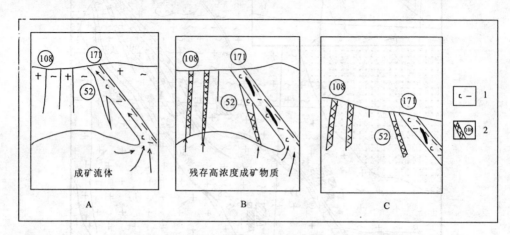

图5-6 两种不同金矿化类型形成示意图(据李金祥等,1999)
1.蚀变岩型矿化;2.石英脉型矿化

2.矿体形态和产状

蚀变岩型矿体一般延伸大于延长,长几十米至几百米,延伸断续可达千余米,平均厚3~9m。矿体严格受断裂带控制,主要产于断裂带下盘,与断裂带产状近于一致,矿体呈透镜状、似层状和脉状(图5-7,5-8);石英脉型矿体一般长几百米,沿倾向断续延伸几百米(多在400m

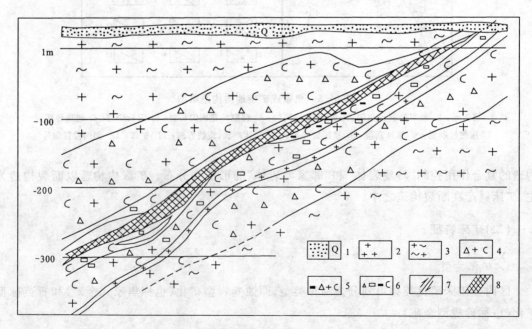

图5-7 新城蚀变岩型金矿175线剖面图(据于方等,1997)
1.第四系;2.斑状花岗闪长岩;3.片麻状黑云母花岗岩;4.绢云母化碎裂状花岗岩;
5.黄铁绢英岩化碎裂状花岗岩;6.黄铁绢英岩化花岗质碎裂岩;7.断层;8.矿体

以内)。矿体形态复杂,常呈脉状、透镜状和不规则状,产状不稳定,常呈群出现(图5-9)。

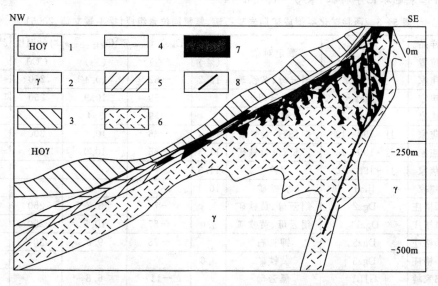

图5-8 焦家蚀变岩型金矿矿体剖面图(据李厚民等,2002)
1. 斜长角闪岩;2. 花岗岩;3. 蚀变斜长角闪岩;4. 黄铁绢英岩;
5. 绢英岩化花岗质碎裂岩;6. 钾长石化花岗岩;7. 矿体;8. 断层

3. 矿石特征

矿石中主要矿物包括自然金、银金矿、黄铁矿、黄铜矿、菱铁矿、石英和绢云母;次要矿物包括闪锌矿、方铅矿、方解石、钾长石、斜长石。

此外还有少量的磁黄铁矿、辉铜矿、斜方辉铅铋矿、钛铁矿、金红石、磷灰石等。

矿石品位一般为2~10g/t,银为9.31~32.68g/t,Au:Ag≈1:1~2。含金品位变化决定于矿石类型,细脉浸染状黄铁绢英岩质碎裂岩和黄铁绢英岩化花岗质碎裂岩含金品位高,绢英岩化花岗质碎裂岩次之。

矿石构造以脉状、细脉浸染状为主,其次为角砾状、斑点状及细脉状构造。

矿石结构以晶粒状为主,其次为压碎、填隙、乳虫状、包含状及网状结构。

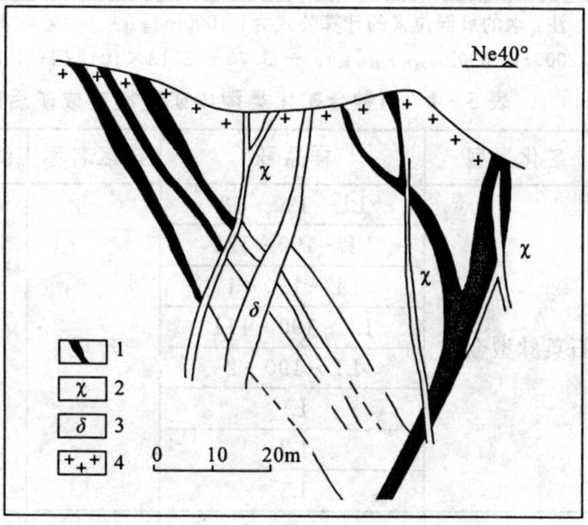

图5-9 玲珑石英脉型金矿矿体剖面图
(据于方等,1997)
1. 矿脉;2. 煌斑岩脉;3. 闪长岩脉;4. 花岗岩

4. 矿石测温

据爆裂法测定矿石形成温度为260~380℃,硫同位素平衡温度为243~384℃。

5. 围岩蚀变

与矿化有关的主要围岩蚀变为黄铁绢英岩化和硅化,其次还有碳酸盐化、绿泥石化、钾化等,并在空间上构成分带或叠加出现。

6. 同位素地球化学特征(表5-3、表5-4)

表5-3 两种矿化类型成矿期岩矿石硫、氢氧同位素组成(据毛景文等,2005)

样品	样品位置	样品号	测定对象	$\delta^{34}S_{CDT}$ (‰)	$\delta D_{矿物-SMOW}$ (‰)	$\delta^{18}O_{矿物-SMOW}$ (‰)	均一温度 (℃)	$\delta^{18}O_{水-SMOW}$ (‰)
矿石	焦家	JJ219022	绢云母、黄铁矿	12.2	−62	10.4	250	7.25
矿石	焦家	Jjia1	绢云母		−59	10.9	250	7.25
矿石	焦家	Jjia2	绢云母		−59	8.4	250	5.25
矿石	焦家	JJ-190-13	钾长石、黄铁矿	11.4	−86	10.2	300	4.37
矿石	焦家	JJ-190-14	钾长石、黄铁矿	11.5	−85	10.0	300	4.17
矿石	焦家	JJ-190-10	黄铁矿	11.3				
矿石	焦家	Jjia3	黄铁矿	10.1				
矿石	邓格庄	Dgz2	绢云母、黄铁矿	9.3	−76	8.7	250	5.55
矿石	邓格庄	Dgz11	绢云母、黄铁矿	9.0	−57	10.5	250	7.35
矿石	邓格庄	Dgz5	钾长石		−75	9.6	300	3.77
矿石	邓格庄	Dgz3	黄铁矿	9.6				
花岗闪长岩	郭家岭	GJL1	黑云母		−117	6.8		
闪长岩	郭家岭	GJL2	钾长石		−73	10.2		
花岗岩	玲珑	LL-190-11	钾长石、黄铁矿	7.9	−79	8.7		
花岗岩	望儿山	WE-270-V-8	钾长石、黄铁矿	8.6	−82	10.8		
基底	烟台	Ytai1	白云母		−51	10.4		
基底	烟台	Ytai2	黑云母		−89	8.3		

注：水的氧同位素的计算公式为：$1000\ln\alpha_{多硅白云母-水} = 4.13 \times 10^{-6}/T^2 - 7.41 \times 10^3/T + 2.22$ (0~1 200℃,郑永飞等,2000)；$1000\ln\alpha_{碱性长石-水} = -3.70 + 3.13 \times 10^{-6}/T^2$ (Bottinga and Javoy, 1973)。

表5-4 两种金矿化类型成矿晚期或成矿后碳酸盐脉碳氧同位素组成(据毛景文等,2005)

矿化类型	样品号	矿区名称	测试样品	$\delta^{13}C_{PDB}$ (‰)	$\delta^{18}O_{SMOW}$ (‰)
石英脉型金矿	LL-190-12	玲珑	方解石	−6.4	12.0
	LL-190-122			−6.4	12.0
	LL-190-1			−5.5	11.7
	LL-190-111			−5.5	11.9
	LL-190-2			−3.4	11.4
	L1			−5.4	11.6
	L2			−4.4	10.5
	L3			−5.1	11.6
蚀变岩型金矿	JJ-3-2	焦家	方解石	−4.7	12.2
	JJ-3-3			−5.9	10.6
	JJ-19			−6.2	13.5
	JJ-18			−6.0	12.7
	JJ-30			−4.0	8.4
	JJ-18-1			−6.4	11.5
	JJ-18-2			−6.1	12.1
	JJ-18-3			−6.2	12.0
	JJ-18-4			−6.5	11.4
	JJ-18-5			−5.7	13.4
	JJ-3-1			−6.2	9.0

四、湖南桃林铅锌矿床

位于湖南省东北部临湘县境内,是我国著名的铅锌和萤石生产基地。

(一)矿区地质概况

1. 地层

区内分布地层为元古界冷家溪群第二、三组及上白垩统至第三系(图5-10,图5-11)。桃林断裂北分支以东冷家溪群岩性为:

上段(H_a^2):褐红色十字石石榴子石云母片岩。

下段(H_a^1):灰色云母石英片岩。

桃林断裂北分支以西冷家溪变质程度较浅,按岩性可分为3段:

上段(H_c^3):杂色板岩夹薄层粉砂岩。

中段(H_c^2):千枚状粉砂岩夹砂质板岩。

下段(H_c^1):板岩夹薄层粉砂岩及厚层块状砂岩。

上白垩统至第三系为红色砂砾岩,分布在桃林断裂西段北侧。

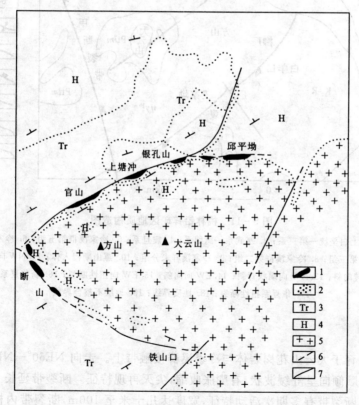

图 5-10 桃林铅锌矿区地质略图
1. 铅锌矿脉;2. 蚀变带;3. 第三系;4. 元古界板溪群;5. 花岗岩;6. 地质界线;7. 断层

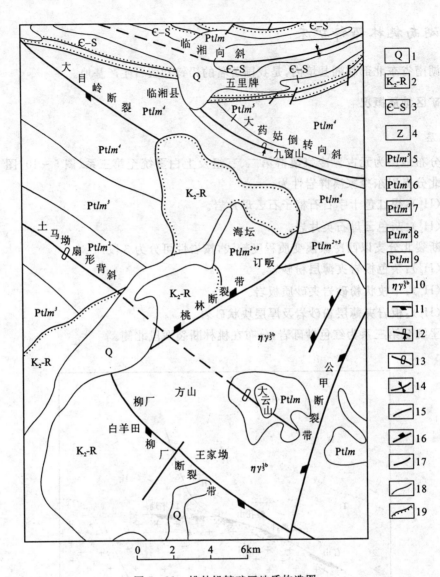

图5-11 桃林铅锌矿区地质构造图

1.第四系；2.上白垩统—第三系；3.寒武系—志留系；4.震旦系；5.冷家溪群第五组；6.冷家溪群第四组；
7.冷家溪群第三组；8.冷家溪群第二组；9.冷家溪群未分组；10.燕山期侵入体；11.NW向压性断裂；
12.NW向倒转向斜；13.NW向扇状背斜；14.EW向向斜；15.EW向扭性断裂；16.新华夏系压扭性断裂；
17.华夏系扭性断裂；18.地质界线；19.地层不整合界线

2. 构造

桃林断裂发育于大云山花岗岩体与冷家溪群接触带上。走向NE60°—NE70°，倾向NW，倾角30°~50°。顺倾向呈舒缓波状，有膨胀收缩、尖灭再现特征。断裂带延长13km，在石原冲一带分成两支。断裂带有多期次活动特征，宽度达几十米至100m，断裂带内构造蚀变岩呈明显的分带（图5-13）：①糜棱岩带；②硅化角砾岩带；③绢绿片岩带；④含矿复式角砾岩带；⑤磨砾岩带；⑥断层泥带。

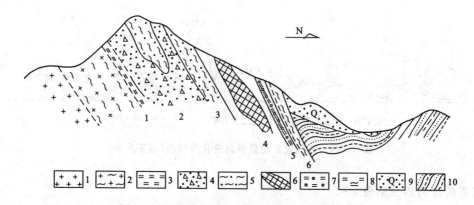

图 5-12　桃林矿区动力变质带综合剖面示意图

1. 花岗岩；2. 片麻状花岗岩；3. 糜棱岩；4. 硅化构造角砾岩；5. 绢绿片岩；
6. 含矿带；7. 磨砾岩；8. 断层泥带；9. 第四系；10. 冷家溪群变质岩

3. 岩浆岩

大云山花岗岩基出露在矿区东南部，与冷家溪群和白垩系—第三系呈断层接触。

(二)矿床特征

桃林铅锌矿有 6 个矿体，均产在断裂带中。矿体呈凸镜状、脉状、囊状和不规则状，有分支、复合、尖灭再现现象，在平面上呈左行斜列展布。走向 NE72°～80°，与断裂带呈 10°～18°交角；倾向 NW，倾角 33°～43°。矿体在局部地区穿入白垩系—第三系及冷家溪群甚至片麻状花岗岩中(图 5-13)。

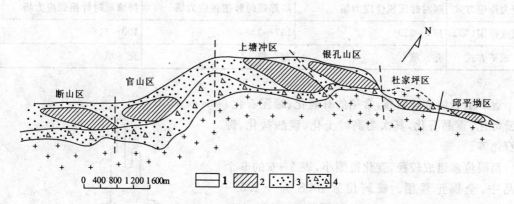

图 5-13　桃林矿区矿体平面分布图

1. 矿区分界线；2. 矿体；3. 铅锌浸染带；4. 硅化带

矿石矿物主要为方铅矿、闪锌矿、黄铜矿、辉银铅矿、辉银矿、萤石，其次为菱锌矿、白铅矿、蓝铜矿等。脉石矿物为石英、重晶石、方解石等。矿石品位：PbS 为 1.7%、ZnS 为 2.1%、Ag 为 7.8g/t。矿石中普遍含 Ga、V 等元素可综合利用。其主要矿物量纵向变化见图 5-14。

矿石结构：半自形粒状结构为主，其次有溶蚀结构、压碎结构等。

矿石构造：角砾状、条带状、块状、浸染状和晶洞构造等。

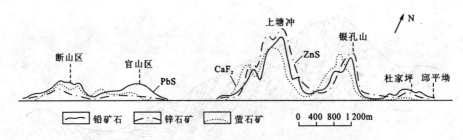

图 5-14 各主要矿物量纵向变化曲线图（据王育民）

成矿阶段的划分见表 5-5。

表 5-5 成矿阶段划分表

项目＼成矿阶段	第一阶段	第二阶段	第三阶段
矿物共生组合	乳白色石英、深褐色闪锌矿、方铅矿、方解石、黄铜矿。(Z_1)	浅紫红色石英、方铅矿、褐色闪锌矿、蓝色浅蓝色萤石、黄铁矿、黄铜矿。(Z_2)	乳白色石英、重晶石、黄色浅黄色闪锌矿、方铅矿、黄铜矿、白色、紫色萤石。(Z_3)
矿石结构构造	浸染状、块状构造、半自形颗粒结构	角砾状、团状、块状构造，自形、半自形粒状结构	块状、枝状构造，自形、半自形粒状结构
	压扭性角砾构造	张扭性角砾构造、脉状裂隙、网状裂隙	脉状、网状裂隙，张性角砾状构造
应力作用方式	顺时针压扭性应力场	局部顺时针扭张应力场	持续顺时针扭张应力场
温度范围(℃)	189～359	137～338	100～318
成矿方式	充 填	充 填	充 填

近矿围岩蚀变较强烈，常见的有硅化、绿泥石化、绢云母化、重晶石化，其次为高岭土化、碳酸盐化、钾长石化等。

铅同位素组成较稳，变化范围小，表 5-6 的 9 个样品中，全属正常铅。硫同位素 $\delta^{34}S$ 为 -1.5～-7.4（表 5-7，图 5-15）。氢氧同位素：热液中的 $\delta^{18}O‰ = -6.17$～$+4.9$（表 5-8）。

液态包裹体中的 $\delta D‰ = -39.0$～-59.9，既不同于变质水（$+5‰$～$+25‰$），亦不同于岩浆水（$+7.0‰$～$+9.5‰$）。

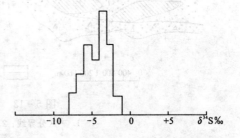

图 5-15 桃林铅锌矿硫同位素分布图

测温资料：铅锌硫化物主要成矿温度为 120～210℃，石英为 150～220℃，萤石为 120～170℃。

表5-6 铅同位素分析结果(据桃矿地测科整理,贵阳地化所测定)

样号	$^{206}Pb/^{204}Pb$	$^{207}Pb/^{204}Pb$	$^{208}Pb/^{204}Pb$	$^{206}Pb/^{207}Pb$	$^{206}Pb/^{208}Pb$
01	18.145	15.650	38.712	1.159 4	0.468 68
02	18.153	15.647	38.700	1.159 5	0.468 82
06	18.147	15.651	38.714	1.159 5	0.468 73
08	18.45	15.648	38.693	1.159 6	0.468 93
21	18.147	15.658	38.723	1.158 9	0.468 62
22	18.157	15.654	38.720	1.159 9	0.468 92
23	18.133	15.646	38.698	1.159 0	0.468 57
13	18.156	15.647	38.700	1.159 5	0.468 79
31	18.156	15.662	38.738	1.159 2	0.468 66

表5-7 硫同位素组成表(据桃矿资料整理,贵阳地化所测)

矿物名称	样品数	分析结果			
		$\delta^{34}S‰$		$^{32}S/^{34}S$	
		范围	平均值	范围	平均值
方铅矿	18	−4.2~−7.4	−5.81	33.314~33.386	22.350
黄铜矿	6	−3.0~−4.7	−3.83	22.288~22.326	22.305
闪锌矿	25	−1.5~−6.72	−3.33	22.250~22.370	22.284
重晶石	6	+6.84~+13.9			

表5-8 氢氧同位素分析结果(据桃矿资料整理,贵阳地化所测)

样品号	$\delta^{18}O‰$		$\delta D‰$
	石英	热液水(计算值)	
001	8.98	0.75	−59.9
003	8.80	2.02	−45.3
004	8.26	−6.77	−46.0
008	8.74	1.72	
012	10.50	1.80	
013	10.45	2.22	−48.7
018	10.83	4.35	−47.2
020	9.14	0.35	−39.0
021	10.34	4.94	−46.5

下附图5-16、图5-17、图5-18、图5-19。

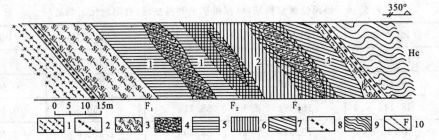

图 5-16 三次叠加矿化综合示意剖面图

1. 片麻状花岗岩；2. 花岗糜棱岩；3. 硅化角砾岩；4. 绢绿片岩；5. 第一矿带；
6. 第二矿带；7. 第三矿带；8. 磨砾岩；9. 千枚岩．10. 实测与推测断层

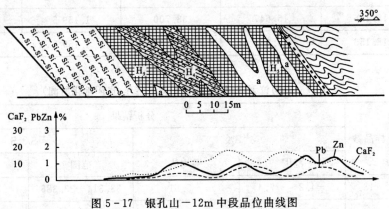

图 5-17 银孔山-12m 中段品位曲线图

H_4—绢绿片岩；H_5—复式含矿角砾岩带；a—脉状矿体

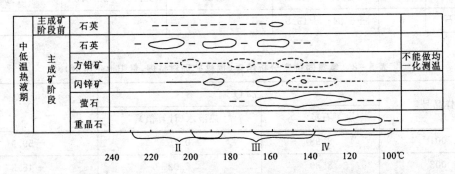

图 5-18 桃林银上矿区主要成矿期矿物的均一化温度

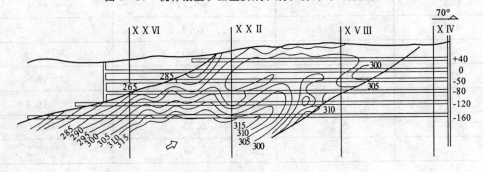

图 5-19 上塘冲矿区热晕图及热液运移方向（箭头所示）

· 62 ·

五、贵州万山汞矿床

我国湘西、黔东汞矿带闻名世界,万山汞矿是其中重要矿田之一。万山汞矿位于贵州玉屏县城东北,面积约 30km²,包括岩山坝、山羊洞、冷风硐、大坪、黑洞子、大小洞、张家湾、杉木董等主要矿床。(图 5-20,图 5-21)。

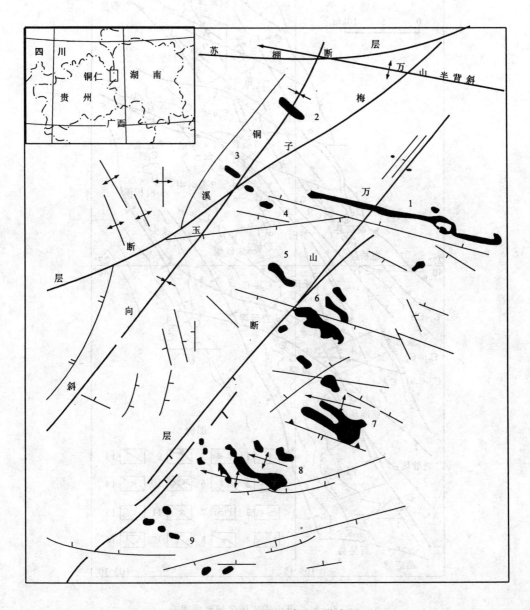

图 5-20 万山汞矿矿床位置分布图

1. 冷风硐矿床;2. 岩山坝矿段;3. 山羊洞矿段;4. 红山矿段;5. 大坪矿段;
6. 黑洞子矿床;7. 张家湾矿段;8. 杉木董矿床;9. 黄家寨矿床

63

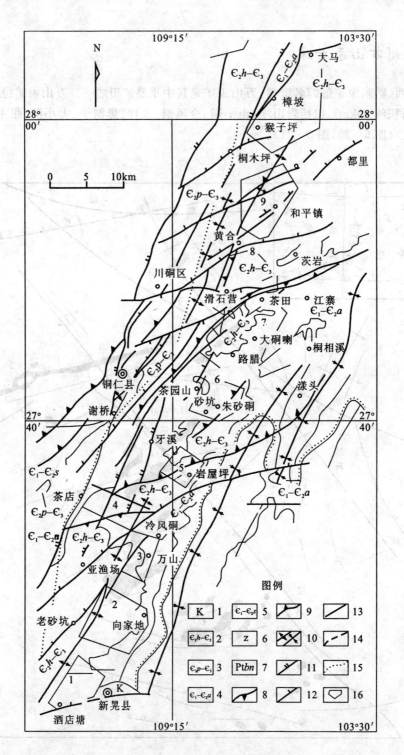

图 5-21 万山汞矿区区域地质图

1. 白垩系；2. 中-上寒武统灰岩、白云岩；3. 中寒武统白云岩、灰岩夹薄层页岩；4. 中-下寒武统灰岩、白云岩夹薄层页岩；5. 下寒武统薄层泥质灰岩夹页岩；6. 震旦系；7. 元古界板溪群；8. 压扭性断裂；9. 张扭性断裂；10. 背向斜；11. 配套张扭性断裂；12. 配套压扭性断裂；13. 断裂；14. 推测断裂；15. 不整合；16. 汞矿区

(一) 矿区地质概况

1. 地层

万山汞矿产于中、下寒武统白云岩及石灰岩中，ϵ_1^3、ϵ_2^3、ϵ_2^5 为主要容矿层（图 5-22）。地层倾向 NW，倾角 5°~15°。

系	统	层	代号	厚度(m)	柱状图	岩性	容矿盖层	海退
寒武系	上统	七	ϵ_3^7			厚层变晶白云岩		
		五六	ϵ_3^{5-6}	60~90		厚层结晶白云岩，厚层灰岩，薄层灰岩		
		三四	ϵ_3^{3-4}	65~120		薄层含泥质白云岩，厚层含泥质白云岩，少许灰岩		
		一二	ϵ_3^{1-2}	110~195		厚层灰岩、薄层灰岩互层，少许泥质白云岩		
	中统	十	ϵ_2^{10}	85~155		薄层灰岩，泥灰岩、少许厚层灰岩、泥质白云岩、页岩	上盖层	
		九	ϵ_2^9	0~6		厚层变晶白云岩		
		八	ϵ_2^8	4~35		薄层泥质白云岩		
		七	ϵ_2^7	4~26		薄层层纹状宽条带状白云岩，泥质白云岩，厚层变晶白云岩含矿层		
		六	ϵ_2^6	0~62		厚层变晶白云岩含矿层		
		五	ϵ_2^5	22~85		薄层层纹状白云岩，宽条带状白云岩，厚层变晶白云岩，稍夹含泥质白云岩，主要含矿层	上容矿层	
		四	ϵ_2^4	0~83		厚层变晶白云岩、矿化		
		三	ϵ_2^3	15~70		薄层层纹状白云岩，泥质白云岩，厚层变晶白云岩，重要含矿层		
		二	ϵ_2^2	10~42		厚层变晶白云岩、泥质白云岩，少许页岩		
		一	ϵ_2^1	50~71		灰岩、泥质灰岩、少许页岩	下盖层	
	下统	五	ϵ_1^5	30~50		页岩		
		四	ϵ_1^{4b}	85~145		薄层泥质灰岩、厚层变晶白云岩，薄层层纹状宽条白云岩、灰岩、泥质灰岩、含矿层		
			ϵ_1^{4a}	10~25				
		三	ϵ_1^3	30~50		泥质灰岩、少许页岩、中厚层灰岩、薄层纹状宽条带灰岩，重要含矿层	下容矿层	
		二	ϵ_1^2	40~60		薄层泥质灰岩、少量页岩		
		一	ϵ_1^1	240~380		页岩、砂岩、炭质页岩、燧石层及灰岩、底部磷矿层	下伏层	

图 5-22 万山矿区地层综合柱状图

2. 构造

湘黔汞矿带受区域性 NNE 向风晃背斜控制,万山汞矿位于该背斜的北西翼及轴部附近,并受该背斜翼部次级横向半背斜控制,呈层状、似层状、脉状等形态产出,矿体呈 NWW 向雁行排列(图 5-23)。

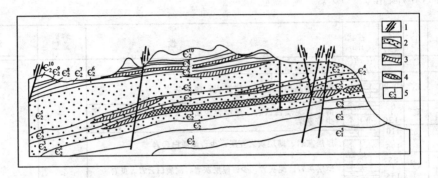

图 5-23 万山汞矿某区段地质剖面图

1. 断层;2. 主要容矿层;3. 剖面线上的矿体;4. 按构造情况投影到剖面上的矿体;
5. $\epsilon_2^1 \sim \epsilon_2^{10}$ 为中寒武统第一层—第十层

(二)矿床特征

1. 矿体特征

万山汞矿床内的矿体,均赋存在最低级的衍生褶曲—断裂构造中。按矿体所在的构造类型可将区内工业矿体划分为以下类型:

(1)层间整合型矿体(占矿区总储量的75%)。

①整合型矿体。

②层间破碎带型矿体。

(2)断裂型矿体:指充填于含矿层内各种裂隙和节理中的矿体,呈脉状、层状、似层状,宽10~25m,厚2~10m,最厚20余米,长几百米至上千米。矿石品位中—贫。

(3)复合型矿体:上述各种矿体往往不是单一出现的,一般成复杂形态的复合型矿体,呈凸镜状、囊状及其他不规则形状。长数米至70m,最长300m,宽5~20m,厚1~6m(图5-25,图5-26,图5-27)。

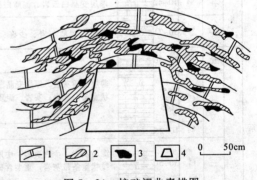

图 5-24 控矿褶曲素描图

1. 硅化白云岩;2. 石英脉;3. 辰砂;4. 马脑壳旧坑口

矿石中的矿物成分:主要为辰砂,有少量黑辰砂、自然汞、灰硒汞矿,共生矿物有辉锑矿、闪锌矿、方铅矿、黄铁矿、雄黄及方解石、白云石、重晶石、萤石、沥青等。富矿石中汞的平均品位达 0.1%~0.3%,贫矿石一般为 0.04%~0.2%。

矿石类型:①层带型矿石。②角砾型矿石。③浸染状矿石。④细脉状及网脉状矿石。

围岩蚀变:主要有硅化、白云石化、方解石化、重晶石化等。

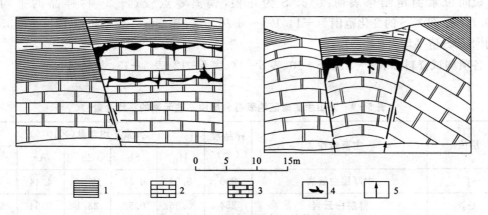

图 5-25 万山汞矿区整合型矿体素描图

1. 页岩；2. 泥质灰岩；3. 白云岩；4. 辰砂矿体；5. 汞矿热液来源

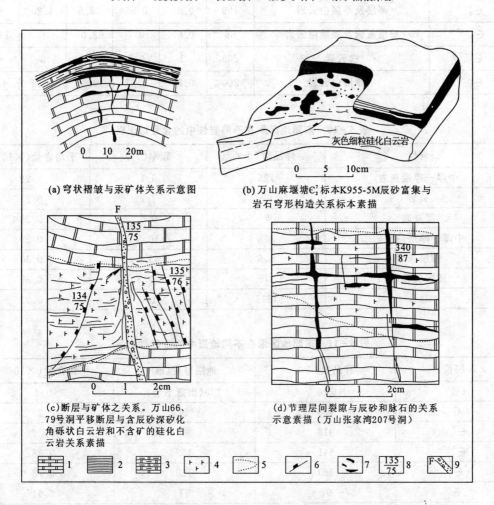

(a) 穹状褶皱与汞矿体关系示意图

(b) 万山麻堰塘ϵ_2^1标本K955-5M辰砂富集与岩石穹形构造关系标本素描

(c) 断层与矿体之关系。万山66、79号洞平移断层与含辰砂深矽化角砾状白云岩和不含矿的硅化白云岩关系素描

(d) 节理层间裂隙与辰砂和脉石的关系示意素描（万山张家湾207号洞）

图 5-26 万山汞矿区矿体素描图

1. 白云岩(微硅化)；2. 页岩；3. 泥质白云岩；4. 深矽化角砾状白云岩；5. 矿体边界线；6. 倾斜节理；7. 辰砂和石英脉；8. 岩层倾向及倾角；9. 断层角砾岩

硫同位素测定结果表明：①$\delta^{34}S$ 为正值，偏离零点较远。35 件样品的平均值为 $+19.71‰$。②$\delta^{34}S$ 的变化范围为 $+14.1‰\sim+26.0‰$，其差值一般不超过 $12‰$。③35 件样品的 $^{32}S/^{34}S$ 值平均为 $21.79‰$。

各项测试资料如表 5-9、表 5-10、表 5-11、表 5-12、表 5-13、表 5-14。

表 5-9 万山汞矿南区地表各分层中某些元素的平均含量

层位	主要岩性	样品数（个）	元素平均含量（$\times 10^{-6}$）				
			Hg	Sb	Zn	As	Cu
ϵ_3^{5-7}	中厚层白云岩	200	0.29	0.57	19.55	4.44	4.78
ϵ_3^{5}	薄层白云岩	254	0.35	0.53	23.1	5.54	5.93
ϵ_3^{3-4}	薄层白云岩	349	0.55	0.50	21.88	5.63	5.8
ϵ_3^{1-2}	薄层及厚层白云岩	199	0.55	0.53	48.9	4.20	8.0
ϵ_2^{8-10}	薄层灰岩及泥质白云岩	66	0.60	0.7	62.05	6	14.75
ϵ_2^{7}	白云岩	263	2	0.7	70	3	8.5
ϵ_3^{5-7}	中厚层白云岩	200	0.29	0.57	19.55	4.44	4.78

表 5-10 东部地区汞在不同岩性中的含量对比表

岩性	样品数（个）	频率（%）	平均含量（$\times 10^{-6}$）
中厚—厚层灰岩	125	9.1	0.22
页岩	99	7.2	0.25
泥灰岩	7	0.5	0.28
中厚—厚层白云岩	228	16.5	0.29
薄层灰岩	595	43.4	0.30
薄层白云岩	319	23.3	0.39
总计	1371	100	0.31

表 5-11 东部地区汞在不同地层中的含量对比表

层位	样品数（个）	地层厚度（m）	平均含量（$\times 10^{-6}$）
ϵ_3^{6-7}	216	135（出露不全）	0.2
ϵ_3^{5}	478	61	0.22
ϵ_3^{3-4}	918	92	0.27
ϵ_3^{1-2}	641	152	0.38
ϵ_2^{10}	389	120	0.78
ϵ_2^{8}	91	27	2.61
ϵ_2^{5-7}	192	60（出露不全）	10.63
总计	2 970	522	1.07

表 5-12 万山矿区水晶包裹体均一温度表

样品编号	矿物名称	产地	均一温度(℃)※		
			测定数	温度范围(℃)	平均温度(℃)
1	水晶	榨桑坪	5	86~154	119
2	水晶	榨桑坪	3	105~163	144
4	水晶	岩星坪	15	62~154	117
5	水晶	岩星坪	13	116~135	131
6	水晶	清水江	14	109~134	130

注：※表示成矿温度下限，且未经压力校正。

表 5-13 万山矿区地质测温研究结果表

样品编号	矿物名称	产地	被测包裹体数(个)	充填温度(℃)			
				按均一化法		按充填度算	
				平均	最小值	平均	最小值
W006	石英	张家湾	1	95	95		
W022	石英	张家湾	1			111	111
W188	石英	大坪	2	115	115	97	97
W189	石英	大坪	2	90	90		
W208	石英	杉木董	7	142	125~160	149	125~163
W291	石英	张家湾	2			178.5	179~180
W330A	方解石	张家湾	1	113	113		
W38	石英	冲脚	1	133	133		
W3386	石英	冲脚	1	183	183		
W338	方解石	冲脚	2			120	111~128
W390	石英	黑洞子	5	88	88	105	100~124
W391	石英	黑洞子	3	168	168	169	161~177
W392	石英	大坪	1			78	78

表 5-14 万山汞矿水晶包裹体冷冻温度与盐度测定表

样号	测定数	冷冻温度(℃)		盐度(相当 NaCl 的 Wt%)	
		温度范围	平均值	范围	平均(%)
1	32	-6~-18.5	-13.7	9.7~21.5	17
2	43	-3.3~>0.1	-3.3~>0.1	25.5~>26.3	25.5~>26.3
3	11	-18.4	-18.4	21.5	21.5
4	22	-33~-7	-4.6	24.7~25.5	25.1

包体研究:据均一法测试结果,成矿温度低于190℃,大部分介于90～130℃之间。气液包体成分分析表明:成矿溶液NaCl含量最高可达大于26%,可见NaCl子晶。

六、贵州贞丰水银洞金矿床

水银洞金矿位于贵州省贞丰县城西北20km处,行政隶属贞丰县小屯乡,是贵州省地质矿产局一〇五地质大队在20世纪90年代中期发现的,经过10余年的持续勘探,水银洞金矿床已经成为特大型的金矿床。

(一)区域地质概况

水银洞金矿床位于华南褶皱系右江褶皱带西延部分与扬子准地台西南缘交接部位。在大地构造上属扬子陆块西南缘,西南侧以三江褶皱带为界,南侧与华南板块紧邻,属大陆型地壳构造域的右江古裂谷(图5-28)。区内出露的地层是上古生界、中生界和新生界,总厚度达10 000m左右。其中以三叠系分布最广、发育最好,构成了本区富有特色的沉积地层(表5-15)。主要为断裂构造,其中以NE向和NW向断裂构造为主,SN向、EW向和向北凸出的弧形断裂构造次之。区内火成岩不发育,出露面积不大,分布亦零星。

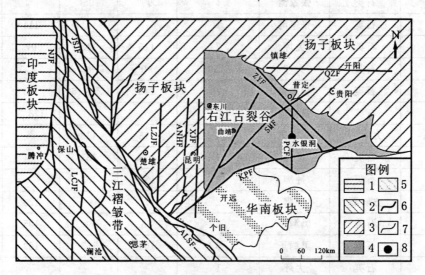

图5-27 黔西南金矿区大地构造简图(据高振敏,2002)

1.印度板块;2.三江褶皱带;3.扬子板块;4.右江古裂谷;5.华南板块;6.深大断裂;7.构造单元界限;8.大型-超大型金矿床;NJF—怒江断裂系;LCJF—澜沧江断裂系;JSJF—金沙江断裂系;ALSF—哀牢山断裂系;LZJF—绿汁江断裂;ANHF—安宁河断裂;XJF—小江断裂;SMF—师宗弥勒断裂;KPF—开远平塘断裂;ZYF—紫云垭都断裂;QZF—黔中断裂;PCF—普定册亨隐伏断裂

表 5-15 黔西南地层对比

时代		台地相区 晴隆、兴仁、安龙等地		边缘相区 贞丰等地	台盆相区 册亨/望谟等地	台盆相区 隆林等地
第四系	Q	第四系		第四系	第四系	第四系
第三系	N	石脑组				
	E					
白垩系	K					
侏罗系	J_3					
	J_2	上沙溪庙组J_2s 下沙溪庙组J_2x				
	J_1	自流井群J_1zl				
三叠系	T_3	须家河组T_3x 火把冲组T_3h 把南组T_3b 赖石科组T_3l			把南组T_3b 赖石科组T_3l	
	T_2	法郎组T_2f 关岭组T_2g		凉水井组T_2l 青岩组T_2g	边阳组T_2b 新苑组T_2x	河口组T_2h 百逢组T_2b
	T_1	永宁镇组T_1yn 飞仙关组T_1f 夜郎组T_1y		安顺组T_1a 大冶组T_1d	紫云组T_1z 罗楼组T_1l	罗楼组T_1l
二叠系	P_3	大隆组P_3d 长兴组P_3c 龙潭组P_3l 峨眉山玄武岩	吴家坪组P_3w	长兴-吴家坪组P_3c-w	晒瓦组P_3s	大隆组P_3d 龙潭组P_3l (合山组)P_3h
	P_2	茅口组 大厂层 灰岩	茅口组P_2m	茅口组P_2m	茅口组P_2m	茅口阶P_2m
	P_1	栖霞组P_2q 梁山组P_1l 龙吟组P_1n		栖霞组P_2q 梁山组P_1l 龙吟组P_1n	栖霞组P_2q 梁山组P_1l 龙吟组P_1n	栖霞阶P_2q
石炭系	C_3	马平组C_3mp		马平组C_3mp	马平组C_3mp	马平组C_3mp
	C_2	黄龙群C_2hl	达拉组C_2d 滑石板组C_2h		黄龙群C_2hl	黄龙组C_2hl 大埔组C_2d
	C_1	摆佐组C_1b 大塘组C_1d 岩关组C_1y			林群群C_1q	大塘阶C_1d 岩关阶C_1y
泥盆系	D_3	代化组D_3d 响水洞组D_3x			代化组D_3d 响水洞组D_3x	榴江组D_3l
	D_2	罗富组D_2lf 罐窑子组D_2g			罗富组D_2lf 纳标组D_2n	东岗岭组D_2d 应堂组D_2y
	D_1					四排组D_1s 郁江组 塘丁组D_1t 益兰组D_1y
志留系	S					
奥陶系	O					
寒武系	ϵ_3					寒武系 "上统"
	ϵ_2					"下统"

(二)矿区地质

水银洞金矿床位于灰家堡背斜的东段,矿区内的地层、构造与金矿的形成有着密切的联系(图 5-28)。

1. 地层

矿区出露及由钻孔揭露的地层有:中二叠统茅口组、上二叠统龙潭组、长兴组、大隆组、下

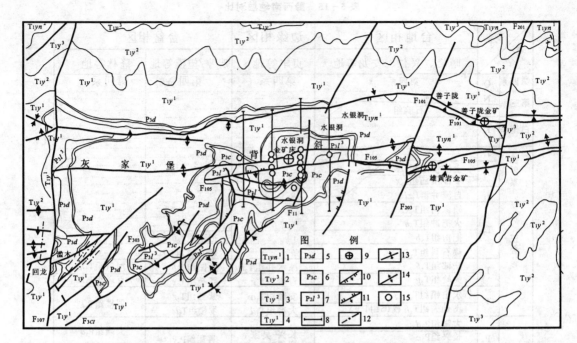

图5-28 贵州省贞丰县水银洞金矿床地质平面图(据刘建中,2003)

1. 永宁镇组第一段;2. 夜郎组第三段;3. 夜郎组第二段;4. 夜郎组第一段;5. 大隆组;6. 长兴组;
7. 龙潭组第三段;8. 勘探线剖面;9. 金矿;10. 实测及推测正断层及编号;11. 实测及推测逆断层及编号;
12. 大型节理;13. 背斜轴;14. 向斜轴;15. 钻孔

三叠统夜郎组及永宁镇组第一段,另见少量零星分布的第四系。其岩性特点如下:

(1) 中二叠统

茅口组(P_2m):灰色中厚层至块状生物灰岩,局部夹浅灰色中层白云质灰岩,具缝合线构造,产纺锤虫、珊瑚等化石,为钻孔揭露的最老地层,厚度大于400m。

(2) 上二叠统

1) 构造蚀变体(Sbt):指产于 P_2m 和 P_3l 之间不整合界面附近的一套由区域性构造作用形成的并经热液蚀变的构造蚀变岩石,为一套深灰色中层强硅化灰岩、角砾状强硅化灰岩、硅质岩及角砾状粘土岩组合,厚5.08~41.51m。岩石普遍具硅化、黄铁矿化、萤石化、雄(雌)黄化、锑矿化、金矿化等,与下伏地层和上覆地层皆呈构造不整合接触。水银洞Ⅰa矿体和戈塘金矿床即产于其中,为一跨时的地质体。

2) 龙潭组(P_3l):下部主要为细砂岩、(粘土质)粉砂岩,夹生物砂屑灰岩,厚54.30~129.97m;中部为(粘土质)粉砂岩和硅化含生物屑灰岩,夹炭质粘土岩及煤线,厚91.69~126.14m;上部主要为(粘土质)粉砂岩、泥灰岩、生物碎屑灰岩,夹炭质粘土岩、煤层及含燧石条带或团块的灰岩,厚80.08~96.36m,主要生物化石有:*Oldhaminaanshuuensis*,*Liangshanophyllum* sp.,*Gigantonoclea* sp.。

3) 长兴组(P_3c):主要为(含钙质)粘土岩、生物碎屑灰岩,含燧石条带或团块,岩石普遍含硅质、炭质或石英,厚47.00~52.63m,生物化石以腕足类、单体珊瑚、菊石、纺锤虫、双壳类组合为特征。

4) 大隆组(P_3d):灰、深灰色中厚层含钙质粘土岩,夹薄层浅黄绿色蒙脱石粘土岩,厚1.15

~9.29m,由东向西增厚,产菊石、腕足及双壳类生物化石。

(3)下三叠统

1)夜郎组(T_1y):岩性主要为灰岩、泥灰岩、粘土岩、粉砂岩,由下至上分为三段。

第一段:下部主要为泥灰岩、粘土岩,夹粉砂质粘土岩、粉砂岩,厚约84.30m,产双壳类、菊石化石;中部主要为中厚层泥灰岩,夹粉晶灰岩,厚约69.80m,产双壳类、海扇,腕足类化石;上部主要为(粉砂质)粘土岩、灰岩及泥质灰岩、生物灰岩,厚约121.10m,产双壳类生物化石。

第二段:下部主要为厚层灰岩,夹厚层鲕粒灰岩、薄层泥灰岩及白云质灰岩,厚约77.20m;上部主要为厚层鲕粒灰岩、泥灰岩,夹中层粘土质粉砂岩,由东往西,鲕粒增多,紫红色泥灰岩减少,粘土质粉砂岩夹层增多。厚约77.30m,产双壳类生物化石及腕足类生物化石。

第三段:主要为粉砂质粘土岩、粘土岩,夹薄至中层泥灰岩及灰岩,厚约106.80m,产双壳类、腕足类化石。

2)永宁镇组(T_1yn):仅出露第一段中下部,厚度大于100m,为灰色中厚层状灰岩,含鲕粒灰岩夹薄层粉砂岩、粘土质粉砂岩,其底部为灰色中层蠕虫状灰岩夹薄层泥灰岩。

(4)第四系(Q)。

为土黄色、褐黄色残坡积物,亚砂土、亚粘土等,厚0~1.5m。

2. 构造

水银洞金矿区内构造较发育,主要有东西向、南北向和北东向三组褶皱断裂构造(图5-30),主要褶皱、断裂构造特点如下:

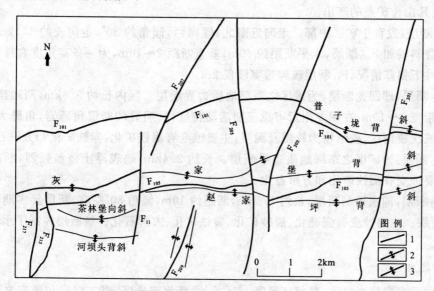

图5-29 水银洞矿区构造简图(据水银洞矿区1:10000地形地质图修编)
1. 断层;2. 背斜;3. 向斜

(1)褶皱构造

1)灰家堡背斜:为一区域性构造,东起者相,西止于老王箐附近,全长约20km,宽约6km,岩层倾角较缓,一般5°~20°,两翼基本对称。为一近东西向之宽缓短轴背斜,局部因后期改造而转为北西或北北西向。区内背斜长约5.3km,核部地层近于水平,两翼岩层倾角10°~20°,轴面近于直立。水银洞金矿位于灰家堡背斜东段中部,背斜核部向两翼300m范围内控制了金矿体之产出。

2）赵家坪背斜：走向东西，区内长约1.5km，东部延伸出图，宽仅数十米。为走向东西之F_{105}逆冲断层之上盘牵引褶曲，局部地层发生倒转。背斜核部长兴组形成的虚脱空间控制了水银洞金矿床"楼上矿"之产出。

3）河坝头背斜：为灰家堡背斜南翼叠加之次级褶曲，地表长约1.1km。核部地层为P_3l^3，两翼为P_3c和P_3d，岩层倾角15°～25°，轴面近于直立，褶皱枢纽向东倾伏。

4）茶林堡向斜：为灰家堡背斜南翼叠加的次级褶曲，地表长约1.2km，核部最新地层为T_1y^{1-1}，两翼地层为P_3d、P_3c和P_3l^3，褶曲轴面向北倾斜。

(2) 断裂构造

1）F_{105}断层：发育于灰家堡背斜南翼近轴部，区内长约2.7km，东部延伸出图，倾角45°～55°，为一条倾向南的逆断层。垂直断距10～50m，破碎带宽2～25m。由东向西，断层强度逐渐变弱，破碎带逐渐变窄。下盘地层较完整，上盘地层牵引成背斜（赵家坪背斜）。断层切错长兴组和大隆组地层，向下进入龙潭组后表现为近于顺层滑动并逐渐趋于尖灭。该断层为水银洞金矿床"楼上矿"之控矿断层，向东控制了雄黄岩金矿点的产出。断层具多期活动之特点，局部地段（赵家坪—高简）因后期活动而表现为正断层特征。

2）F_{101}断层：位于灰家堡背斜北翼近轴部，贯穿全区，东部延伸出图，区内长约5.4km，倾角50°～55°，为一倾向北的逆断层。垂直断距30～100m，破碎带宽2～6m。上盘表现为单斜构造，下盘在杨家田水库、谢家桥一带发育有呈雁行排列的牵引向斜构造。该断层向东控制了普子坳、皂凡山金矿点的产出。

3）F_{11}断层：发育于矿区中部。走向近南北，倾向西，倾角约80°，走向长约1.1km，断层切错灰家堡背斜轴和F_{105}断层，水平断距约60m，垂直断距2～10m，为一条高角度右行平移正断层。根据井下揭露情况，F_{11}断层破碎带宽度仅2m。

4）F_{107}断层：即回龙断层，为矿区之西部地质边界断层。区内长约5.6km，两端延伸出图。断层破碎带宽2～10m，在回龙附近可见三期活动特征，具明显的断层角砾岩，角砾大小悬殊，呈棱角状或次棱角状，胶结物为铁质及泥质，主要蚀变有褐铁矿化、赤铁矿化和方解石化。

5）F_{203}断层：为矿区之东部地质边界断层。长约2.4km，地表浮土掩盖强烈，断层破碎带不清。主要蚀变有褐铁矿化和方解石化。

6）F_{207}断层：即水银洞断层，长约1.3km，断距约10m，倾角80°左右，断层具多期活动之特点，为正断层。主要蚀变有强硅化、辰砂矿化、黄铁矿化、方解石化。该断层控制了水银洞汞矿点的产出。

3. 岩浆岩

矿区内没有岩浆岩出露，其邻区晴隆、兴仁一线西北部地区，贞丰白层和镇宁文六马一带有燕山期偏碱性超基性小岩体零星分布。

(三) 矿化特征

1. 矿体特征

水银洞金矿床（中矿段）矿体主要赋存于二叠系龙潭组地层中，以层控型为主，断裂型为辅（图5-30）。目前控制的矿体共计23个，其中Ⅲc、Ⅲb、Ⅲa、Ⅱf、Ⅰa为最主要矿体（表5-16），占查明资源量的83.95%。

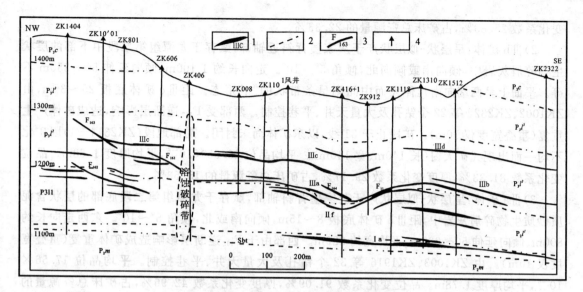

图 5-30 水银洞金矿（中矿段）纵剖面图
1. 矿体编号；2. 地层界线；3. 断层；4. 勘探线
地层代号：P_3c—长兴组；P_3l^3—龙潭组第三段；P_3l^2—龙潭组第二段；P_3l^1—龙潭组第一段；Sbt—蚀变体；P_2m—茅口组

表 5-16 水银洞（中矿段）主要矿体产出特征

矿体编号	产出层位	产状		规模（m）			平均品位（×10^{-6}）	矿体形态	品位变化系数（%）
		倾向	倾角	走向	倾向	厚度			
Ⅲc	P_3l^2	S 或 N	5°~10°	700	80~280	1.91	16.19	（似）层状	68.37
Ⅲb	P_3l^2	S 或 N	5°~10°	1100	50~350	1.68	13.95	（似）层状	81.33
Ⅲa	P_3l^2	S 或 N	5°~10°	800	50~330	1.78	17.56	（似）层状	91.09
Ⅱf	P_3l^1	S 或 N	5°~10°	600	50~220	1.76	14.65	（似）层状	112.95
Ⅰa	Sbt	S 或 N	5°~10°	500	630	3.11	6.87	似层状	78.64

(1) 层控型矿体

根据容矿岩石类型，层控型矿体可进一步分为碳酸盐岩型和强硅化角砾状粘土岩型：

1) 碳酸盐岩型矿体：受灰家堡背斜核部生物碎屑灰岩控制，矿体产出于灰家堡背斜轴两侧近 300m 范围内，呈层状、似层状产出，产状与岩层产状一致，厚度薄、品位富，走向上具波状起伏向东倾没，空间上多个矿体上下重叠的特点。

2) 强硅化角砾状粘土岩型矿体：产出于 Sbt 中，矿体形态与不整合面一致。

主要层控型矿体的特征：

1) Ⅲc 矿体：呈层状-似层状产于灰家堡背斜近轴部南翼，赋存于龙潭组第二段中部的层状生物碎屑灰岩中，距龙潭组顶界约 160m。倾向南或北，倾角 5°~10°，分布于 16 线至 F_{11} 之间。东西走向长约 700m，南北宽 80~280m，平均宽约 220m，于 8 线附近形成向北延伸 280m、宽约 70m 的条带状矿体。由 ZK1618、ZK924 等 30 个钻孔及大量天井、平巷控制。局部地段（如 C—C、TJ105）因矿化的不均一性而出现无矿天窗（1 号天窗走向长 75m，宽 25m；2 号天窗走向长 60m，宽 43m）。平均品位 16.19×10^{-6}，平均厚度 1.91m，品位变化系数 68.37%，厚度变化系数 25.89%，占矿床总资源量的 22.33%。

2) Ⅲb 矿体：呈层状-似层状产于灰家堡背斜近轴部，赋存于龙潭组第二段中下部的层状生物碎屑灰岩中，倾向南或倾向北，倾角 5°～10°。走向长约 1 100m，倾向延伸 50～350m 不等。平面上呈两端向南延伸大而中间则呈条带状的"п"形态。距Ⅲc 矿体底板 25～35m，由 ZK1002、ZK2322 等 22 个钻孔及大量天井、平巷控制。西部受 F_{162} 逆断层影响，造成矿体产生重复（重叠宽度仅 10m）。矿段止于 31 线，以东矿体尚未封闭。局部地段（ZK2314+1）因矿化不均一而出现无矿天窗（长 140m、宽 140m）。平均品位 $13.95×10^{-6}$，平均厚度 1.68m。品位变化系数 81.33%，厚度变化系数 29.17%，占矿床总资源量的 15.53%。

3) Ⅲa 矿体：呈层状-似层状产于灰家堡背斜轴部，赋存于龙潭组第二段底部的层状含泥质砂质生物碎屑灰岩中，距Ⅲb 矿体底板 8～15m，倾向南或北，倾角 5°～10°。东西走向长约 800m，倾向延伸 50～330m，平均宽约 220m。西部由于 F_{162} 逆断层影响造成矿体重复（重叠宽度仅 10m）。由 ZK1003、ZK1916 等 32 个钻孔及大量天井、平巷控制。平均品位 $17.56×10^{-6}$，平均厚度 1.78m。品位变化系数 91.09%，厚度变化系数 42.96%，占矿床总资源量的 22.71%。

4) Ⅱf 矿体：呈层状-似层状产于灰家堡背斜轴部，赋存于龙潭组第一段顶部的含泥质生物屑砂屑灰岩中，平面上呈透镜状、条带状产出。距Ⅲa 矿体底板 5～11m，倾向南或倾向北，倾角 5°～10°。因矿化不均一而分散成三个矿体，其中最大的一个矿体走向长 600m、倾向延伸宽 50～220m，平面上呈条带状展布，另两个矿体则形态复杂。Ⅱf 矿体由 ZK1404、ZK2330 等 20 个钻孔控制。平均品位 $14.65×10^{-6}$，平均厚度 1.76m。品位变化系数 112.95%，厚度变化系数 58.19%，占矿床总资源量的 10.37%。

5) Ⅰa 矿体：呈似层状产于灰家堡背斜轴部，赋存于 Sbt 中。东西走向长 500m、南北倾向延伸 630m。矿体形态与 Sbt 形态一致，倾向南或北，由 ZK716+1、ZK2322 等 15 个钻孔控制。平均品位 $6.87×10^{-6}$，平均厚度 3.11m。品位变化系数 78.64%，厚度变化系数 122.17%，占矿床总资源量的 13.00%。

(2) 断裂型矿体

矿体产出于背斜近轴部的断距很小的缓倾斜逆断层中，严格受断层破碎带控制。

主要由 F_{105} 控制的"楼上矿"和赋存于龙潭组地层中由 F_{162}、F_{163}、F_{164}、F_{165} 等隐伏盲断层控制的矿体两部分组成。资源量仅占 5.18%。

2. 矿石特征

(1) 矿石类型

水银洞金矿床主矿体埋藏于地面 150m 以下，矿石全部为原生矿石类型。根据容矿岩石特征将矿石类型划分为碳酸盐岩型、角砾岩型、钙质砂岩型。

1) 碳酸盐岩型：为矿床最主要的矿石类型，容矿岩石为硅化白云石化生物（碎屑）灰岩或硅化白云石化生物屑砂屑灰岩。该类型矿石厚 1.68m，平均品位 $14.74×10^{-6}$，金属量 41 297.13kg，占矿床总资源量的 76.08%，矿石量 2 801 276t，占矿床总矿石量的 57.51%。

2) 角砾岩型：容矿岩石为角砾状粘土岩、角砾状粉砂岩及角砾状灰岩，该类型矿石产于矿床底部 Sbt 中和 F_{162}、F_{163} 等断层破碎带中。该类型矿石厚 3.05m，平均品位 $6.62×10^{-6}$，金属量 9 893.22kg，占矿床总资源量的 18.23%，矿石量 1 494 665t，占矿床总矿石量 30.69%。

3) 钙质砂岩型：容矿岩石为钙质砂岩及钙质粉砂岩，主要为产于 P_3l_1 的小矿体。该类型矿石厚2.14m,平均品位5.38×10^{-6},金属量3 092.55kg,占矿床总资源量的5.70%,矿石量574 760t,占矿床总矿石量的11.80%。

(2)矿石矿物成分

矿石中金属矿物主要有黄铁矿、毒砂,局部可见辉锑矿辰砂、雄黄、雌黄等;非金属矿物主要包括玉髓、石英、白云石、方解石、高岭石等。矿石中的有用矿物为自然金、银金矿和金银矿,主要的载金矿物为黄铁矿,其次为毒砂、硅酸盐矿物。

1)黄铁矿:金的主要载体矿物,具有多种晶形和产状,如呈微细粒浸染状立方体和五角十二面体黄铁矿(一般粒径0.001~0.05mm),顺层分布的颗粒较粗的不规则状黄铁矿(粒径0.2~1mm),浸染状分布的微细草莓状黄铁矿和偶尔见到的顺粉砂岩层理生长的梳状黄铁矿(图5-32,图5-33)。其中顺层分布的颗粒较粗的不规则状黄铁矿和浸染状分布的微细草莓状黄铁矿为成岩阶段产物,主要产在粉砂岩和炭质页岩中,而这些细碎屑岩往往很少遭受热液蚀变,因而基本上与金矿化无关,即使局部见到有很多较粗的黄铁矿,岩石中基本上不含金或其含金量在分析方法的检测限上下;细粒浸染状立方体和五角十二面体黄铁矿(一般粒径0.001~0.05mm)则往往见于硅化和去碳酸岩化的生物碎屑灰岩和强硅化的含凝灰质细碎屑岩中,它们与金矿化的关系密切,往往这种黄铁矿在岩石中的含量越高,金的品位就越富。热液期黄铁矿明显表现为两期:第一期为沿沉积期的不规则状或草莓状黄铁矿内核生长的砷黄铁矿环带;第二期为金沉淀后于砷黄铁矿环带外的黄铁矿生长表层。

2)毒砂:含量仅次于黄铁矿的第二种金属硫化物,其含量多不超过1%,且颗粒细小(≤0.02mm),结晶自形度高,多呈菱形、针状等,鉴于毒砂本身含量少、分布局限,不是金的主要载体。

3)硅酸盐矿物:主要是粘土矿物,含金占9.88%,表明在成矿作用过程中粘土矿物粒间或粒内吸附了金而成为比较主要的载体。

(3)矿石的结构、构造

镜下可见的矿石结构构造主要有草莓状结构、自形晶结构、交代结构、假象结构、星散浸染状构造、脉(网脉)状构造、晶洞状构造、生物遗迹构造、角砾状构造等。

莓状结构:由众多小于等于0.004mm的黄铁矿规则或不规则排列堆集而形成的大多小于等于0.05mm的草莓状黄铁矿(图5-33)。

自形晶结构:黄铁矿形成立方体、五角十二面体,毒砂形成菱形、矛形晶,白云石形成自形菱形晶体。

交代结构:白云石交代方解石,黄铁矿交代生物碎屑,毒砂交代生物碎屑,石英交代方解石等,交代完全者形成假象结构。

星散浸染状构造:黄铁矿、毒砂在矿石中呈星散浸染状分布。

脉(网脉)状构造:方解石、石英、高岭石、雄(雌)黄、黄铁矿等呈脉状网脉状充填于岩石的节理裂隙中。

角砾状构造:矿石破碎成角砾被方解石、石英等矿物胶结。

3. 围岩蚀变

矿区内主要的热液蚀变类型有黄铁矿化、白云石化、硅化、毒砂化、雄(雌)黄化、方解石化、辉锑矿化、萤石化、滑石化、辰砂化等。

1)黄铁矿化:黄铁矿呈自形、半自形或他形浸染状星散状分布,颗粒细小,一般0.001~0.05mm,少数立方体黄铁矿粒径可达0.2mm,黄铁矿集合体最大可达0.4mm。黄铁矿主要呈浸染状分布,次呈细脉状、条带状、透镜状分布。沉积期黄铁矿呈自形立方体或五角十二面体晶,粒度较大,多呈条带(纹)状产出。热液期黄铁矿颗粒细小,肉眼难以见及,电镜下表现为沿自形黄铁矿内核(沉积期)生长成的含砷黄铁矿环带及环带外层的生长表层。

2)白云石化:白云石颗粒细小,粒度在 0.01～0.05mm 之间,呈自形菱面体产出。自形白云石亮晶交代泥晶方解石。矿石普遍具强烈白云石化,表现为岩石钙含量明显减少,镁含量大量增加,MgO/CaO 高达 0.37～0.534。

3)硅化:矿石普遍具强烈硅化作用,主要表现为两期:矿化期硅呈隐晶质玉髓交代岩石,矿石含 SiO_2 普遍高达 30%～40%;晚期表现为石英颗粒细小,呈斑块状、细脉状充填于溶蚀孔洞或充填于岩石的节理裂隙中,或呈自形、半自形、他形粒状分布于溶蚀孔洞中及断层破碎带中。

4)毒砂化:呈自形菱面体、枣核形、矛状、针状等形态,多与黄铁矿形成连晶或在草莓状黄铁矿上生长。颗粒细小,粒径在 0.02mm 以下,肉眼难以见及。矿石普遍含毒砂较少,但高品位矿石中往往可见针状毒砂,据电子探针波谱扫描,金与毒砂的关系较明显,显示了较好的含金性。

5)方解石化:矿石特别是节理裂隙发育的矿石,方解石化明显。方解石主要呈脉状充填于岩石的节理裂隙中,局部出现方解石呈团块状。多呈细小的半自形他形粒状,少数呈细小自形晶产出。

6)辉锑矿化:辉锑矿化出现在成矿晚期,主要呈脉状、网脉状、浸染状充填和交代围岩,或成为断层角砾岩的胶结物。

7)雄(雌)黄化:雄(雌)黄化出现在成矿晚期,主要呈脉状、网脉状、填隙状充填和交代围岩,或成为断层角砾岩的胶结物。

8)萤石化:仅见于 Sbt 中,呈自形半自形粒状交代岩石。

9)辰砂化:呈自形半自形粒状充填于岩石节理裂隙中,或呈微细浸染状交代岩石。

其中硅化、白云石化、黄铁矿化与金矿关系极为密切,凡金矿产出部位皆有这三种蚀变。有利的容矿岩石(生物碎屑灰岩或生物屑砂屑灰岩)能否成矿,取决于是否具有相应的热液蚀变。例如主井和 I# 风井揭露的相当于Ⅲc矿体地段及 I# 风井揭露的相当于Ⅲb矿体地段的岩石为强硅化白云石化生物碎屑灰岩,因缺少黄铁矿(热液期)化蚀变,未构成"三化"蚀变组合而无含金显示。

七、云南金顶铅锌矿床

金顶铅锌矿床位于云南省西部兰坪县城东南(110°方向)32km 处。金顶铅锌矿床 1959 年发现,1984 年提交详勘报告,1990 年提交跑马坪矿段详查报告。金顶铅锌矿田前后历年累计探明铅+锌总储量 1 600 万 t 以上,其中铅 263.53 万 t,平均品位 1.60%,锌总储量 1 347.07 万 t,平均品位 8.39%,是我国规模最大的铅锌矿床。

(一)区域地质背景

矿区大地构造位置属三江褶皱系南段,澜沧江大断裂与金沙江-哀牢山大断裂之间,兰坪-思茅坳陷北部、中生代内陆断陷盆地边缘,其东西向两侧分布着前寒武纪和古生代地层,并有多期次的岩浆侵入和喷发。盆地基底为前寒武系变质岩系。在盆地中堆积了近 2 万米厚的中生代海陆交替相和陆相沉积。在古新世以来,兰坪至云龙一带形成了一条狭长的近南北向的地堑带,沉积了厚达1 000多米的第三纪含膏盐地层。区域构造线为南北和北北西向,褶皱强烈,逆冲断裂发育,中生代地层"飞来峰"常见。

(二)矿区地质

金顶矿床由北厂、架崖山、跑马坪、蜂子山、西坡、南厂、白草坪等7个矿段组成,面积约14km²(图5-31)。

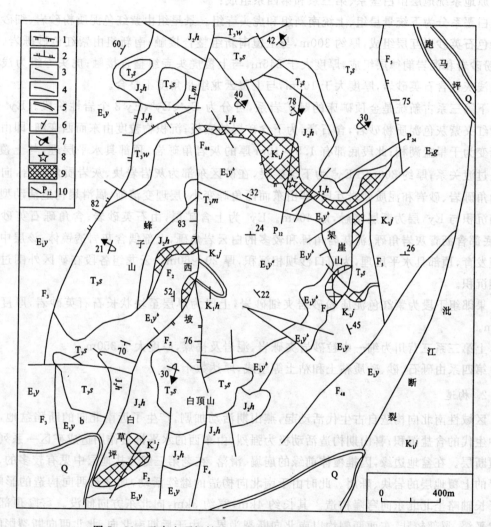

图5-31 云南金顶铅锌矿区地质图(转引自薛春纪等,2002)

Q:第四系;E₂g:始新统果郎组岩屑石英砂岩;E₁y:古新统云龙组;E₁y^b:云龙组上段角砾岩和砂岩;E₁y^a:云龙组下段粉砂质泥岩;K₂h:中白垩统虎头寺组石英砂岩及粉砂岩;K₁j:下白垩统景星组粗砂岩和岩屑石英砂岩;J₂h:中侏罗统花开左组砂岩和泥岩;T₃m:上三叠统麦初箐组含膏盐粉砂-细砂岩;T₃w:上三叠统挖鲁组泥岩和粉砂岩;T₃s:上三叠统三合洞组灰岩夹白云岩

1.逆冲推覆断裂;2.正断层;3.性质不明断裂;4.地质界线;5.不整合面;6.正常岩层产状;7.倒转岩层产状;8.重点调研取样位置;9.铅锌矿体;10.勘探线及编号

1. 地层

在金顶矿区内发育了一套中、新生代地层,它们分为外来系统和原地系统,前者以倒转层序覆盖在后者之上。外来系统地层由上三叠统和中侏罗统组成。上三叠统由老而新分为歪古村组、三合洞组和麦初箐组,由砂砾岩、泥灰岩、泥质白云岩,偶夹凝灰岩组成,厚度大于570m;各组之间呈断层接触,有的组局部仅保存楔形残片。中侏罗统由紫红色泥岩、粉砂岩夹细砂岩组成,属花开佐组,其与麦初箐组和景星组呈断层接触,厚度大于500m。

原地系统地层由白垩系、第三系和第四系组成:

白垩系分为下统景星组、上统南新组和虎头寺组。景星组由紫红色泥质粉砂岩、细砂岩和黄绿色石英砂岩互层组成,厚约300m,与上覆南新组整合接触;南新组由紫红色砂砾岩、细砂岩、粉砂岩和泥岩韵律层组成,厚度大于245m,与上覆虎头寺组整合接触;虎头寺组为浅灰紫色夹浅灰色含石英砂岩,厚度大于100m,与上覆云龙组呈角度不整合。

下第三系古新统是金顶矿床的赋矿岩系,可分为Ey^a、Ey^b、Ey^c 3个岩性阶段。Ey^a为一套紫红夹紫灰色泥质粉砂岩,含石膏,为下含矿层的底板;沉积物粒度由东而西变细,即由近湖相渐变为干旱盐湖相;此段底部有1.5~10m厚的灰岩角砾岩,顶部具水平层理,与上覆Ey^b层呈过渡关系;厚约300m。Ey^b为下含矿层,在矿区东部为灰岩岩块、灰岩质角砾岩,向西渐变为角砾岩、砂岩和泥质砂岩互层,即由东而西角砾变小,层理变清晰,属滑塌构造活动型冲积扇相沉积与Ey^c层为断层接触,厚400m。Ey^c为上含矿层,由石英砂岩、含角砾石英砂岩组成,底部含沥青灰岩角砾、泥灰岩角砾和较多的白云岩角砾,上部偶含灰岩透镜体;该层中部斜层理发育,顶部具水平层理,为河口沙坝相沉积,厚20~60m。云龙组各段在矿区外围过渡为湖相沉积。

果郎组下段为紫红色泥质粉砂岩夹细砂岩,上段为厚层至块状长石石英砂岩,厚度大于360m。

上第三系三营川为细—中粒砂岩夹砾岩,泥岩及褐煤,厚度大于350m。

第四系由砾石、砂、砂质粘土和粘土等组成,厚达数十米。

2. 构造

区域性南北向构造自古生代活动起,燕山期活动加剧,产生了近南北向的断陷盆地,形成了中生代的含盐沉积;喜山期构造活动极为强烈,由东西的水平推覆作用造成矿区一系列水平推覆断层。在盆地边缘,因推覆体前缘的崩塌、滑落,在老第三纪含盐地层中见有较多的、大小不等的上覆地层的岩块、砾屑。此时由于南北向构造的继续活动,加之东西向构造的影响,形成了长轴略呈北北东向穹窿构造。其长约4km,宽约3km,向北东方向倾没。穹窿顶部地层产状平缓,翼部较陡,东西两侧均以南北向断裂为界。由于后期南北向、北北西向断裂影响,而使矿区构造复杂化。

3. 岩浆岩

矿区内未见岩浆活动。从区域上看,在澜沧江断裂带以西有燕山期花岗岩和石英斑岩、流纹斑岩体分布,在弥沙河断裂带以东有印支—燕山期英安斑岩和喜马拉雅期正长岩体出露,沿弥沙河断裂带分布有一些喜马拉雅期花岗斑岩、正长斑岩等岩体。在盆地内虽未见岩浆岩分布,但深部可能存在岩浆岩的侵入体,特别是喜马拉雅期岩浆活动的可能性,构成成矿的热源之一(叶庆同等,1992)。

(三) 矿床地质特征

1. 矿体特征

金顶矿床自东向西可分为架崖山、北厂、蜂子山3个主要矿段(图 5-32)。北厂矿段有2/3的储量,架崖山矿段次之。根据产出层位和岩性,分为上下两个含矿层,共380多个矿体(叶庆同,1992)。矿体围绕穹窿核心呈不规则的环状分布,北西翼保存较好、东南翼残缺不全。铅锌矿体赋存在下白垩统景星组(K_1j)与老第三系云龙组(Ey)两套地层之间的构造接触面上下的 K_1j 山和 E_1y^b 二套岩带内。前者称上含矿带、后者称下含矿带。上含矿带位于钙质胶结的分选好的灰色细粒石英砂岩中,矿化比较稳定,几乎全层矿化。矿体呈层状、似层状产出。其中Ⅰ、Ⅱ号矿体长达1 000m 以上,延深数百米,Ⅰ号矿体厚10~54m,最厚达73.5m;Ⅱ号矿体厚45~50m,最厚达90m。走向近东西向,倾向北,倾角30°,地表产状较缓,深部变陡。矿体产状与地层产状一致。金属矿物多呈浸染斑点状产出,富含黄铁矿,铅:锌为1:3。下含矿带属云龙组,赋矿岩石为一套含膏盐陆相沉积,其岩相变化剧烈,从岩块到角砾到砂砾到灰岩细屑(细砂岩)。

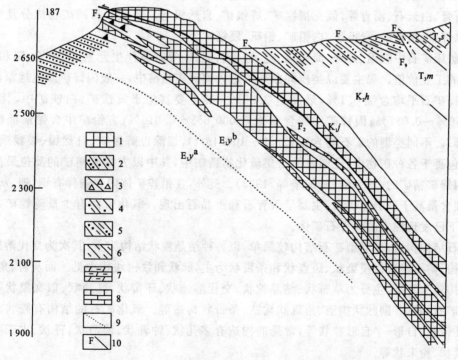

图 5-32 云南金顶矿床北厂矿段12勘探线剖面图(转引自薛春纪等,2002)

E_1y^a:古新统云龙组下段;E_1y^b:古新统云龙组上段;k_1j:下白垩统景星组;J_2h:中侏罗统花开左组;
T_3m:上三叠统麦奶箐组;T_3s:上三叠统三合洞组

1.铅-锌矿体;2.砂岩;3.砾岩;4.含粉砂泥岩;5.砂泥岩;6.泥岩;7.泥灰岩;8.灰岩;9.地层界线;10.逆冲推覆断层

矿体常成群出现。矿带多呈似层状、透镜状、筒柱状及不规则状产出,产状与地层基本一致,最大的Ⅳ号矿体南北长约700m,宽约300m,厚数十米,铅:锌为1:4。金属矿物沿节理、裂隙充填交代。这类砾屑灰岩型矿体除含铅、锌外,常含黄铁矿、白铁矿、天青石、石膏。它们有时可构成单独的工业矿体。

2. 矿石类型

金顶铅锌矿床矿石类型根据含矿性分为砂岩型及砾屑灰岩型,且以前者为主。矿区氧化带发育,一般垂深50~250m,受自然地理和地质构造等因素控制。在穹隆顶部、裂隙发育,氧化带较深;在穹隆翼部,氧化带深度变小。灰岩、角砾岩矿体一般氧化较深,而砂岩矿体氧化较浅。根据氧化程度又可分为氧化矿、混合矿及硫化矿。氧化矿品位高于硫化矿,并占总储量的40%。

3. 矿石成分与矿石组构

矿床垂直分带明显,上部富铅、下部富锌,且略具水平分带。从东部架崖山矿段—中部北厂矿段—西部蜂子山矿段,铅、锌比依次为1:7.8,1:4.9,1:0.3,显示在东部锌高,西部铅高的特点(白嘉芬等,1985)。

砂岩型矿石的金属矿物主要有方铅矿、闪锌矿、黄铁矿和白铁矿等,非金属矿物主要为石英、方解石和重晶石等。灰岩、角砾岩矿石的金属矿物成分与砂岩型矿石相同,只是非金属矿物以方解石为主,石英很少。此外,尚见有微量黄铜矿、磁黄铁矿、赤铁矿、硫镉矿、天青石、石膏、硬石膏、白云石、沥青等,偶见褐锰矿、辉银矿、自然银等。氧化矿石的矿物成分复杂,以菱锌矿、水锌矿、褐铁矿、异极矿、白铅矿、铅矾、硬锰矿为主。

该矿床矿石中除铅、锌外,尚有镉、铊、银、硫、银、钡等有益伴生元素,其中银、镉和铊等具有较大的工业价值。镉主要以类质同象形式进入闪锌矿晶格中,一般闪锌矿颜色越深,含镉越高。铅锌矿石平均含镉0.1%,最高达3.26%。铊主要富集于黄铁矿、白铁矿中,其含量为0.00550%~0.087%;闪锌矿中铊含量为0.0006%~0.016%;方铅矿中含铊最低(白嘉芬等,1985)。不同类型的矿石均含银(2.59~100.4g/t),银除以辉银矿、自然银、银黝铜矿等微细矿物包裹于各种矿物中,还明显的富集硫化物精矿中,其中以方铅矿精矿的品位最高,为黄铁矿、闪锌矿精矿的2~5倍(施加辛等,1983)。此外,在铅锌矿体内普遍伴有锶、钡,灰岩型矿石锶、钡含量高于砂岩型矿石,主要呈天青石和重晶石出现。氧化带内有少量菱锶矿,在铅锌矿体之下已发现独立的天青石矿体。

矿石结构构造:砂岩型矿石结构较简单,以各种结晶粒状结构为主,其次为交代溶蚀结构、鲕状结构;矿石构造以浸染状、斑点状和条带状为主,脉状和致密块状少见。而灰岩、角砾岩型矿石结构较为复杂,主要为草莓状、结晶粒状、交代溶蚀状、环带状、乳滴状、似文象状等结构,常见的矿石构造有网脉状构造、角砾状构造、条带状构造等。氧化矿石的结构有胶状、交代溶蚀状、环带状、自形-半自形粒状等,常见的构造有多孔状、钟乳状、葡萄状、肾状、皮壳状、蜂窝状、晶簇状、粉末状等。

4. 围岩蚀变与成矿作用期次

金顶矿床的围岩蚀变不发育,蚀变类型有黄铁矿化、白铁矿化、方解石化、白云石化、赤铁矿化、硅化、重晶石化、天青石化和褪色化等,其中只有褪色化和方解石化呈面型发育在矿体旁侧,其余蚀变均呈脉状、细脉状沿裂隙发育。从矿床总体来看,上含矿层蚀变相对较弱,以重晶石化为主;而下含矿层蚀变相对较强,以天青石化为主,在灰岩、角砾岩矿体附近的蚀变要比砂岩型矿体附近的蚀变强烈。

成矿作用期次:根据矿石组构和穿插关系,成矿作用可分为沉积成岩期、热卤水成矿期和表生氧化期。主要金属矿化形成于热卤水成矿期,其次是沉积成岩期。

5. 成矿流体性质

流体包裹体地球化学。

1)流体包裹体特征。金顶原生矿石中,流体包裹体总体上细小,一般在 $0.5\sim 8\mu m$。通常在砂岩型矿石中,包裹体直径较小,且多液相包裹体(气液比小于5%);在灰岩角砾岩型矿石和矿脉中,包裹体的直径较大,气液包裹体为主(气液比5%~50%),矿石内偶见气体包裹体和含石盐或石膏子晶的多相包裹体(叶庆同,1992)。

2)包裹体温度的测定。早期硫化物爆裂温度变化范围为221~364℃,平均311℃;晚期硫化物爆裂温度在100~285℃之间,平均为219℃。闪锌矿和脉石矿物(石英、天青石、方解石等)成矿早期的均一温度变化范围较大,在97~309℃之间,平均183℃;晚期均一温度为92~240℃(温春齐等,1995),上述资料表明金顶矿床主要是在中低温条件下形成的。

3)盐度与密度。据对液相包裹体和气液两相包裹体冷冻法测定,金顶铅锌矿床热卤水流体盐度,早期阶段5.8~18.0Wt‰NaCl,晚期阶段为5.1~11.4Wt‰NaCl,表生氧化期流体盐度为1.6~5.5Wt‰NaCl(叶庆同,1992)。上述表明热卤水成矿期中流体的盐度较高,早阶段比晚阶段高,表生氧化物中流体的盐度更低。

成矿流体密度在成矿早期阶段为$0.858\sim 0.906g/cm^3$,晚期阶段流体密度为$0.895\sim 0.9209g/m^3$,而表生氧化期流体密度为$0.909\sim 0.947g/cm^3$。从早期到晚期,随着温度降低,流体密度有增大趋势(叶庆同,1992)。

4)成矿压力估算。据温春齐等(1995)通过热卤水成矿期流体的温度、盐度、密度资料,利用T-P-V相图,求得早期成矿流体压力为32.5~43MPa,晚期为22.6~26.3MPa,成矿深度相当于1.46~0.91km。上述资料与叶庆同(1992)估算相近,金顶矿床形成于浅成深度环境。

5)成矿流体成分。据金顶矿床包裹体液相成分测定,阳离子多以Na^+、Ca^{2+}为主,阴离子以SO_4^{2-}、Cl^-为主,个别样品F^-较高,因此,总体上成矿流体化学类型属SO_4-Cl-Na-Ca型卤水。据气相成分资料,包裹体中除H_2O外,主要是CO_2,其次有少量CH_4、N_2、C_2H_6、CO等,但是X_{CO_2}/X_{H_2O}比值除两件样品大于2外,其余12件样品均小于0.16,平均仅为0.063,说明成矿溶液并非为富CO_2的流体。

6)流体包裹体氢氧同位素组成。据温春齐等(1995)对金顶矿床闪锌矿、天青石4件样品测定,$\delta^{18}O_{H_2O}$从-7.94‰到6.07‰,δD_{H_2O}变化范围为-40.5‰~14.0‰。金顶矿床成矿流体氢氧同位素的这种变化范围与Piraino从沉积盆地流体所获得的δD和$\delta^{18}D$相似($\delta D=20‰\sim 150‰$,$\delta^{18}O=10‰\sim 20‰$),表明该矿床的成矿流体具有与古大气降水有关的热流体的特点(温春齐,1995)。

(四)稳定同位素地球化学

1. 硫同位素特征

矿区内硫同位素资料,其中硫化物79件,硫酸盐38件,硫化物$\delta^{34}S$值变化为-30.43‰~1.71‰,仅两件样品为正值(方铅矿3.50‰,黄铁矿15.37‰)。硫酸盐的$\delta^{34}S$值为-18.79‰~16.31‰,其中表生硫酸盐矿$\delta^{34}S$值为-18.79‰~-10.3‰,沉积成因的硫酸盐$\delta^{34}S$值为14.67‰~15.9‰,热卤水成因的$\delta^{34}S$值为11.20‰~16.31‰。全区硫化物和硫酸盐的$\delta^{34}S$变化明显分散,$\delta^{34}S$直方图呈墙垛式,局部具塔式效应。上述硫同位素资料表明:①硫来源是多源的,有深源或幔源硫,有来源于地层及有机硫;②矿区硫化物硫同位素以轻硫为特征,而硫酸盐硫同位素则以重硫为特征;③热卤水成矿阶段硫化物之间$\delta^{34}S$值存在着$\delta^{34}S_{Py}$>$\delta^{34}S_{sph}$>$\delta^{34}S_{Gn}$的趋势,表明该阶段硫化物之间存在着平衡现象(叶庆同,1992;赵兴元,1989)。

2. 铅同位素组成特征

据叶庆同(1992)矿石铅同位素样品76件,全岩铅8件,矿石铅同位素组成$^{206}Pb/^{204}Pb$变化范围为18.03~18.566,$^{207}Pb/^{204}Pb$变化范围为15.267~15.767,$^{208}Pb/^{204}Pb$为37.889~39.046,变化范围小;地层岩石铅同位素组成:$^{206}Pb/^{204}Pb$变化范围为18.488~18.888,$^{207}Pb/^{204}Pb$变化范围为15.636~15.988,$^{208}Pb/^{204}Pb$变化范围为38.632~39.317,只有一件样品偏离较大。在铅同位素$^{207}Pb/^{204}Pb$-$^{206}Pb/^{204}Pb$和$^{208}Pb/^{204}Pb$-$^{206}Pb/^{204}Pb$坐标图上,除1件岩石铅样品外,全部落入正常铅范围,但是岩石铅同位素组成较矿石铅同位素组成偏高,即岩石铅含放射成因铅较高,具多阶段演化特点。在铅同位素源区图上,大部分矿石铅同位素组成投影点位于洋中脊玄武岩铅区,说明该类型铅可能来源于上地幔,少部分处于岛弧铅分布区,反映它们可能来源于壳幔混合铅。岩石铅同位素组成投影点部分落于海洋化学沉积铅区域中,反映了它们来自地壳。张乾(1993)对该区铅同位素组成的研究得出相似的结论,并进一步提出地壳铅成矿时代近似地取60Ma,地幔源铅成矿时代近似地取33Ma。

3. 碳氧同位素组成特征

灰岩和灰岩角砾的$\delta^{34}S_{Py}=-19.59‰~-21.80‰$,$\delta^{18}O_{SMOW}=22.72‰~23.12‰$,属于海底化学沉积成因。灰岩角砾岩胶结物中方解石和一些表生粗晶方解石的$\delta^{13}C_{PDB}=-11.8‰~-24.50‰$,$\delta^{18}O_{SMOW}=21.57‰~22.92‰$,与灰岩的碳、氧同位素组成相似,说明碳、氧物质来源主要是三叠纪灰岩,即就地取材。云龙组上段砂岩胶结物中方解石和含矿方解石脉的$\delta^{13}C_{PDB}=4.9‰~-8.1‰$,$\delta^{18}O_{SMOW}=19.41‰~21.79‰$,其中碳同位素组成与灰岩有很大区别,说明热卤水带来了深源碳,而氧同位素组成仍然是淋滤了灰岩的结果。

(五)成矿时代

金顶铅锌矿床的赋矿地层为古新统云龙组中、上段,后者的时代上限为53Ma,成矿时代应略晚。矿石中硫、铅、碳同位素资料均表明,来源于地幔,而地幔铅成矿时代近似的取33Ma(张乾,1993),因此成矿时代应属喜山期。

实习单元六　火山成因矿床

一、实习内容

(一)目的要求

了解陆相次火山热液矿床(斑岩铜矿、玢岩铁矿)和海相火山热液矿床(细碧角斑岩建造中的含铜黄铁矿型矿床)的特点和成矿地质条件。明确此类矿床的找矿前提和找矿标志。

(二)典型矿床实习资料

(1)江西德兴铜厂斑岩铜矿床。
(2)江苏凹山玢岩型铁矿床。
(3)甘肃白银厂黄铁矿型铜矿床。
(4)福建紫金山金铜矿床。
(5)新疆阿舍勒铜矿床。
(6)青海锡铁山铅锌矿床。

(三)实习指导

斑岩铜矿目前是世界上最重要的铜矿床类型,含铜黄铁矿型矿床亦是世界上重要的铜矿床类型。玢岩铁矿是我国地学工作者根据我国实际情况总结出的一种矿床类型。要结合实习资料理解并掌握这些矿床类型的概念。对斑岩型矿床,要注意了解成矿岩体的性质、产状、形态、规模等方面的特点。另外围岩蚀变的水平和垂直分带对找矿勘探有重要意义,要注意观察、掌握。

(四)实习作业

描述××矿床的地质特征(格式同实习单元五)。

(五)思考题

(1)按火山矿床的分类,本实习单元3个典型矿床是属于哪一类的火山矿床?
(2)斑岩铜矿的蚀变分带模式及其实际意义是什么?
(3)块状硫化物矿床及其经济意义?
(4)铜厂矿床的围岩蚀变特征以及矿化与蚀变带的关系。

二、江西德兴铜厂斑岩铜矿床

位于赣东北德兴县境内。

该矿床是我国发现最早,勘探程度较高,地质特征较为典型的一个特大型铜钼矿田。它包括铜厂、富家坞、朱砂红等几个矿床,是我国目前重要的铜基地之一(图6-1)。

(一)区域地质(见图6-1)特征

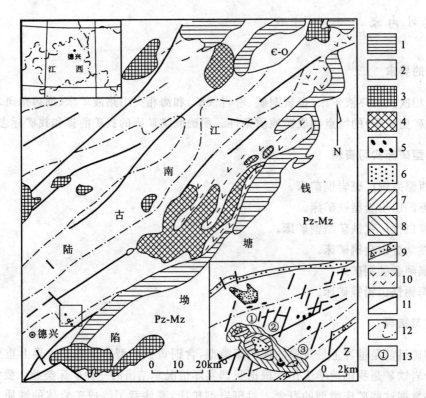

图6-1 德兴铜矿区域地质略图

1. 震旦纪地层;2. 元古代双桥山群板岩、千枚岩、千枚状硬砂岩;3. 燕山期花岗岩;4. 元古代花岗岩;
5. 基性、超基性岩;6. 德兴铜矿花岗闪长斑岩;7. 强蚀变带;8. 弱蚀变带;9. 冰碛层;10. 中、酸性火山岩;
11. 断层;12. 岩性分组界线;13. 矿区编号:①朱砂红铜矿;②铜厂铜矿;③富家坞铜矿

(二)矿区地质

矿区出露地层为前震旦纪双桥山群第四岩性段下段,为一套浅变质岩,主要有绢云母千枚岩、石英绢云母千枚岩、变质层凝灰岩等(表6-1)。

区内花岗闪长斑岩呈NWW297°带状断续展布,呈岩株状,出露面积0.8km²,与围岩呈侵入接触关系。岩体周围有石英闪长玢岩等,并见穿插到花岗闪长斑岩中。花岗闪长斑岩主要造岩矿物有斜长石(49%)、石英(21%)、正长石(16%)、普通角闪石(9%)、黑云母(3%)。副矿物有磷灰岩、磁铁矿、锆石等。岩石化学特征,属SiO_2过饱和弱碱性岩石,是典型的中酸性钙质岩浆岩。

表 6-1 德兴矿区地层简表

界、亚界	系	统	组、段		符号	厚度(m)	岩 性
新生界	第四系	全新统			Qh	1～22	砂、砾、粘土
		更新统			Qp	19～33	蠕虫状粘土、砾石层
中生界	侏罗系	上统	冷水坞组		J_3l	1 471	砂砾岩、页岩,产瓣鳃类、介形类、腹足类及植物化石
			鹅湖岭组		J_3e	211	火山角砾岩,砂砾岩
		下统	林山组		J_1l	200	长石石英砂岩,含砾粗砂岩、泥岩,产植物化石
古生界	寒武系	上统	西阳山组		ϵ_3x	167	泥灰岩、钙质页岩,产三叶虫化石
			华严寺组		ϵ_3h	106	灰岩夹钙质页岩,产三叶虫化石
		中统	杨柳岗组		ϵ_2y	404	灰岩、泥灰岩、页岩,产三叶虫化石
		下统	荷塘组		ϵ_1h	448	板岩、硅质岩、灰岩、白云岩,底部夹高炭质页岩(石煤),产海绵骨针化石
元古界	震旦亚界	上统	西峰寺组		Zz_2x	512	炭质硅质岩、粉砂岩、灰岩,底部含碎屑白云岩
		下统	雷公坞组		Zz_1l	43	冰碛砾岩、泥岩
			志棠组	上段	Zz_1z^2	1 493	凝灰质绢云板岩、粉砂质板岩,底部夹凝灰岩、安山岩
				下段	Zz_1z^1	1 898	变余流纹岩、玄武岩、安山岩、凝灰岩、砂砾岩、千枚岩、板岩
			第四段	上部	Zsh^{4b}	1 921	凝灰质千枚岩、变余沉凝灰岩、绿泥绢云千枚岩、板岩,局部有层状变余角闪辉石岩
				下部	Zsh^{4a}	613	变余粉屑、细屑沉凝灰岩夹凝灰质千枚岩。千枚岩经铷锶法测定,年龄值为14亿年
			第三段	上部	Zsh^{3b}	790	变余沉凝灰岩、凝灰质千枚岩。产微古植物:多面球孢属 Polyedrosphaeridium Tim;原始光面球孢属 Protolelosphaeridium Tim;穴面膜片属 Brocholaminaria;带藻属 Taeniatumsin;植物残片属 Lignum Sin
				下部	Zsh^{3a}	1 457	变余粉屑细屑沉凝灰岩,局部夹变余凝灰质含砾砂岩

矿区构造主要属于东西向构造体系和新华夏构造体系,断裂发育,构造复杂。花岗闪长斑岩沿NWW向横张断裂排列。NNE向压扭性断裂密集带与东西向挤压破碎带复合部位是岩体的定位所在(图6-2)。

(三)矿床特征

矿体围绕斑岩体内外接触带呈空心筒状,有1/2～3/4的矿体产在外接触带围岩中。矿体最大外径可达2 500m,空心部分直径400～700m,垂直深度大于1 000m。一般岩体上部的矿体厚度大(200m以上),延伸、连续性好,产状平缓(约32°～35°)。岩体下部的矿体比较零星,规模较小(图6-3)。

围岩蚀变发育,分带明显。岩浆晚期自变质作用形成钾长石、黑云母等钾质矿物。此期蚀

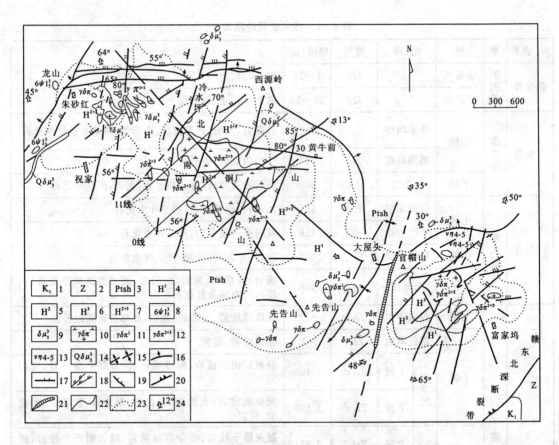

图 6-2 德兴斑岩铜矿田构造地质略图

1. 下白垩统；2. 下震旦统；3. 元古界双桥山群；4. 千枚岩弱蚀变带；5. 千枚岩中蚀变带；6. 千枚岩强蚀变带；7. 千枚岩中-强蚀变带；8. 燕山晚期橄榄辉石岩；9. 燕山晚期闪长玢岩；10. 燕山早期花岗闪长斑岩；11. 花岗闪长斑岩弱蚀变带；12. 闪长斑岩中-弱蚀变带；13. 海西-印支期辉绿玢岩；14. 燕山晚期石英闪长玢岩；15. 背向斜轴线；16. 扭曲弧；17. 东西向压性断裂；18. 北北东向、北东向压扭性断裂；19. 北西向张性、张扭性断裂；20. 深断裂带；21. 黄铁矿脉带；22. 岩体及地层界线；23. 蚀变带界线；24. 层面及片理产状

变由于后期蚀变叠加,保存很不完整。岩浆期后热液蚀变作用形成了大致以接触带为中心,由强而弱对称发育的硅化、绢云母化、水云母化、绿泥石化及碳酸盐化等面型蚀变带。矿化与围岩蚀变的关系是:①矿体主要分布在内外接触带强蚀变带中。②矿化强度与硅化、绢云母化、水云母化、绿泥石化、碳酸盐化强度成正消长关系。③在有多次交代蚀变及成矿作用叠加的地方,一般形成工业矿体(表6-2,图6-4)。

矿石的矿物成分比较复杂,已知有80余种矿物(表6-3)。矿石结构以细粒他形粒状结构为主,中至粗粒自形、半自形结构较少。交代结构发育,其他如固溶体分离结构,压碎结构亦常见。矿石构造以细脉浸染状为主,细脉状、浸染状构造次之,还见有少量团块状、角砾状构造。矿石平均含Cu为$0.41\sim0.5$g/t,Mo为$0.01\sim0.04$g/t,Au为$0.19\sim0.75$g/t。

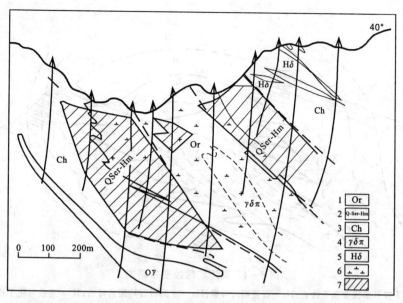

图 6-3 富家坞矿区 3 勘探线矿体及蚀变分带略图（据于方等，1997）

1. Or 钾长石化带；2. Q-Ser-Hm 石英绢云母水白云母化带；3. Ch 绿泥石-(黄铁矿)化带；
4. γδπ 未蚀变花岗闪长斑岩；5. Hδ 蚀变闪长岩；6. 闪长岩；7. 矿体

表 6-2 围岩蚀变分带特征表

蚀变分带	空间位置	蚀变特征	结构构造	矿化特征
弱蚀变花岗闪长斑岩（$γδπ^1$）钾长石化-绿泥石化-绢云母化带	岩体中深部	钾长石化是标准蚀变类型（铜厂岩体含量2%~4%，富家坞强者可达10%以上），斜长石大部分被绢云母交代，硅化石英<5%，暗色矿物部分叶绿泥石化	变余斑状结构，常有斜长石环带构造残存	星散状黄铁矿为主
中蚀变花岗闪长斑岩（$γδπ^2$）绿泥石化-绢云母化带	$γδπ^1$ 与 $γδπ^3$ 间广泛分布	原岩矿物除石英外全部被交代，斜长石主要被绢云母交代（少数绿帘石化），暗色矿物全部绿泥石化。硅化、碳酸盐化明显增加，有石英、碳酸盐、绿泥石、硬石膏、石膏等脉体	变余斑状结构，中长石环带构造已消失	浸染状细脉状黄铁矿、黄铜矿为主，并见有辉钼矿，部分为工业矿体
强蚀变花岗闪长斑岩（$γδπ^3$）硅化-绢(白)云母化带	岩体接触带和构造破碎带	岩石强烈褪色（呈灰白-浅灰绿色），硅化石英>20%，云母变体显著增大，并出现白云母，常形成绢云岩或准云英岩。绿泥石化显著减少，暗色矿物被破坏而呈残骸状，多种蚀变叠加	变余斑状结构或花岗变晶结构	
强蚀变浅变质岩（H^{2+3}）硅化-绢(白)云母化带	斑岩体近侧宽200~300m	硅化较强、绢云母片径增大（部分为白云母），见有石英-钾长石脉，原岩面貌不清，颜色变浅（灰白色）蚀变矿物主要有石英（>20%）、绢云母、白云母，次有碳酸盐、绿泥石、硬石膏、绿帘石，偶见电气石等	微鳞片结构-花岗鳞片变晶结构，片理明显加厚-趋于消失	为工业矿体主要赋存部位
弱蚀变浅变质岩（H^1）绿泥石化-绢云母化带	H^2 外侧宽300~400m	硅化较弱，硅化石英5%~20%，蚀变作用以沿片理裂隙充填或充填交代为主，常见蚀变残余的残留体，原岩中绢云母片体加大（直径一般<0.01mm）仍定向排列，绿泥石化以变质沉凝灰岩、角岩和斑点状千枚岩中的斑点物质显示较强。	原岩结构构造大部分保存较好，片理有所加厚	细脉状矿化，少部分为工业矿体

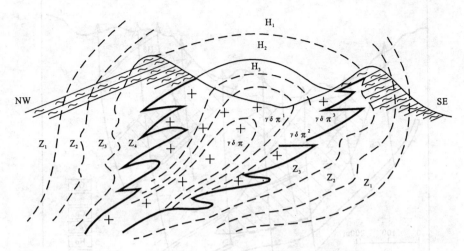

图 6-4 铜厂矿区蚀变带略图

Z_1—下震旦系浅变质千枚岩;H_3—石英绢云母岩;H_2—绿泥石石英绢云母岩;H_1—青盘岩化千枚岩;
$\gamma\delta\pi^1$—石英绢云母化花岗闪长斑岩;$\gamma\delta\pi^2$—绿泥石石英绢云母化花岗闪长斑岩;
$\gamma\delta\pi^3$—青盘岩化花岗闪长斑岩;$\gamma\delta\pi$—花岗闪长斑岩

表 6-3 矿石矿物成分表

矿物 含量级	金属矿物						非金属矿物	
	内生		表生			原岩残留	内生	原岩残留
	硫化物	氧化物	自然元素碲化物	硫化物	氧化物			
主要	黄铁矿 黄铜矿						石英、水云母、水白云母、绢云母、鲕绿泥石	石英
次要	辉钼矿 砷黝铜矿-黝铜矿	赤(镜)铁矿			针铁矿 褐铁矿		方解石、铁白云石、白云母、水黑云母、钾长石、鲕绿泥石	绢云母
少量	方铅矿 闪锌矿 斑铜矿	磁铁矿 金红石 锐钛矿		低辉铜矿 斑铜矿 辉铜矿	胆矾 孔雀石 白钛矿	磁铁矿	黑云母、绿帘石、锰菱铁矿、黝帘石	黑云母、角闪石、斜长石、正长石、辉石、石榴石
微量	毒砂、辉铋矿、磁黄铁矿、针镍矿、方黄铜矿、硫银铋矿、针硫铋铅矿、硫铜铋矿、硫钛镍矿、辰砂、辉铜矿	黑钨矿 锡石 钛铁矿	自然金 自然银 银金矿 碲银矿 针碲金银矿 碲镍矿 辉碲铋矿	赤铜矿 蓝铜矿 铜铁矿 自然铜 铜铅矿 黑铜矿	铜蓝	铬铁矿 锐钛矿	磷灰石 褐帘石 萤石 重晶石 钠长石	磷灰石 榍石 独居石 锆石 磷钇矿 尖晶石 红柱石 电气石

矿床原生分带现象明显。围岩蚀变、金属矿化、矿石类型及硫同位素组成等方面,都有很好的分带性。分带特点表现为以斑岩体为中心的环状分带和以斑岩接触带为中心的内外对称

分带叠加,后者对矿化尤其重要。

主要矿物生成温度为390～175℃,其中黄铜矿形成温度245～190℃,与成矿有关的石英生成温度为325～200℃。

成矿压力在150～200大气压之间,相当于0.4～0.6km的深度。

硫同位素测定结果$\delta^{34}S$变化范围-4.0‰～3.1‰,算术平均值0.12‰。特点是变化范围窄,绝对值小,具塔式效应,接近陨石硫的均一特征,但与典型的地幔型铜镍硫化物比较,又稍富重硫。

三、江苏凹山玢岩型铁矿床

产于淮阳"山"字型构造与新华夏构造复合处的中生代陆相断陷盆地(宁芜盆地)中。

(一)矿区地质特征

区内出露地层主要是上侏罗-白垩系大王山组玄武粗安质火山岩,包括熔岩、层凝灰岩和层凝灰角砾岩,总厚400m。岩层倾斜平缓,裂隙发育,蚀变强烈。

含矿岩体是辉长闪长玢岩,产于大王山组中,出露面积7.5km²,形状呈不规则多边形(图6-5)。新鲜辉长闪长玢岩为暗灰色,斑状结构。斑晶是拉长石和中长石(含量30%～40%),透辉石(5%～10%)。基质为细粒斜长石、辉石,副矿物有磷灰石、磁铁矿、榍石和锆英石等。磁铁矿呈微粒均匀浸染分布在基质中,含量一般在3%～5%,致使岩石呈灰黑色。岩体蚀变强烈,大部分已钠长石化、阳起石化、绿帘石化。蚀变辉长闪长玢岩中铁质,大部分被带出,岩石变成灰白色。据岩石全岩分析,辉长闪长玢岩和大王山组粗安岩的化学成分相似,V、Ti、P含量较高。

(二)控制成矿的构造类型

(1)断裂裂隙构造:主要有NNW、NEE、NNE几组。属于区域NNE向深断裂的次级构造,曾多次活动。凹山岩瘤产出在断裂交叉部位,岩体形成之后,断裂又多次活动,在岩瘤上形成复杂的断裂系统。

(2)边缘冷缩裂隙:产在闪长玢岩边部,主要由密集的层节理及斜节理组成。成群出现,大致平行。

(3)顶部塌陷角砾岩体。

(4)隐蔽爆发角砾岩体:在塌陷角砾岩之下,为一不规则的囊状体。角砾主要是蚀变的辉长闪长玢岩,多呈棱角状,大小不等,无分选性,彼此间有明显的位移。胶结物为磁铁矿、磷灰石、阳起石,与塌陷角砾岩呈过渡和重叠关系。(图6-6、图6-7)。

(三)矿床特征

主矿体产在辉长闪长玢岩顶部,形态较复杂,在地表略成NE-SW方向延长的纺锤状,剖面上为略向北倾斜和延伸的凸镜状。上部为富矿,下部为贫矿。

矿石中主要金属矿物有磁铁矿、赤铁矿、假象赤铁矿及少量的黄铁矿、黄铜矿。非金属矿物有阳起石(透辉石)、磷灰石、钠长石、绿泥石、绿帘石、石英等。主要的矿石建造有磷灰石-阳起石(透辉石)-磁铁矿,其次为钠长石-磷灰石-磁铁矿,即所谓凹山式三矿物组合矿石。矿石

图 6-5 凹山铁矿床地质构造图

1. 富铁矿石;2. 中、贫铁矿石;3. 磁铁矿石;4. 褐铁矿铁帽;5. 石英镜铁矿脉;6. 黄铁矿化带;7. 闪长玢岩脉;
8. 辉长闪长玢岩;9. 凝灰岩;10. 安山岩及粗面岩;11. 顶部塌陷角砾岩范围;12. 网格状裂隙带范围;13. 断裂;
14. 横张断裂;15. 剪裂隙;16. 断层角砾岩(成矿前);17. 断层角砾岩(成矿后);18. 岩层产状;19. 流面;
20. 层节理;21. 片理化带

中以含 V、P、Ga 高为特征,Ti 稍高。矿石结构有自形、半自形、他形粒状结构、交代结构和伟晶结构等。矿石构造主要有块状构造、角砾状构造、网脉状构造、浸染状构造。

矿体围岩蚀变大体可分为三个矿化蚀变阶段:

(1)第一阶段,浅色钠长石化、方柱石化,有时有少量阳起石、绿帘石和磁铁矿化。这期矿化蚀变可能与岩浆结晶晚期的富含碱质的残浆活动有关。

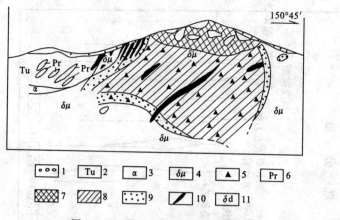

图 6-6 凹山铁矿床地质剖面图

1. 第四系坡积物；2. 凝灰岩；3. 安山岩；4. 辉长闪长玢岩；5. 隐蔽爆发角砾岩和充填交代角砾岩分布范围；6. 黄铁矿矿石；
7. 顶部塌陷角砾岩带（富矿石带）；8. 中品位铁矿石；9. 贫铁矿石；10. 富铁矿脉；11. 细粒闪长玢岩岩脉

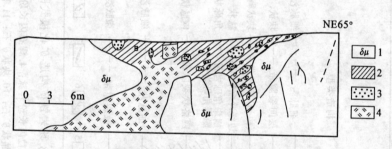

图 6-7 凹山 101m 台阶剖面图

1. 辉长闪长玢岩；2. 中品位铁矿石；3. 浸染状铁矿石；4. 伟晶状铁矿石

(2) 第二阶段，深色阳起石（透辉石）-钠长石-磷灰石-磁铁矿化（形成主要铁矿体），有时有绿帘石和碳酸盐。此阶段钠长石化既普遍又强烈，经常叠加在早期钠长石化带之上、明显表现出气成热液矿化的特征。

(3) 第三阶段为浅色蚀变，表现为泥化、硅化、硬石膏化、明矾石化、碳酸盐化，有些地段有强烈的黄铁矿化（常伴随绿泥石化）。在浅色蚀变带下部和磁铁矿体的上部，经常有黄铁矿体产出。

在空间上，蚀变的垂直分带明显，从上向下是：

(1) 上部浅色蚀变带：泥化、硅化、明矾石化和黄铁矿化。

(2) 中部深色蚀变带：阳起石化、钠长石化、磷灰石化和磁铁矿化，为主要矿化带。

(3) 下部浅色蚀变带：钠长石化、方柱石化、硬石膏化。

在上述蚀变中，以钠长石与铁矿关系最密切。钠长石在矿体底板围岩中比顶板围岩中更普遍，更强烈，岩石强烈钠化后，铁几乎全部被带出。铁矿体规模与钠长石强度成正比。

凹山玢岩铁矿构造-矿化模式如图 6-8。

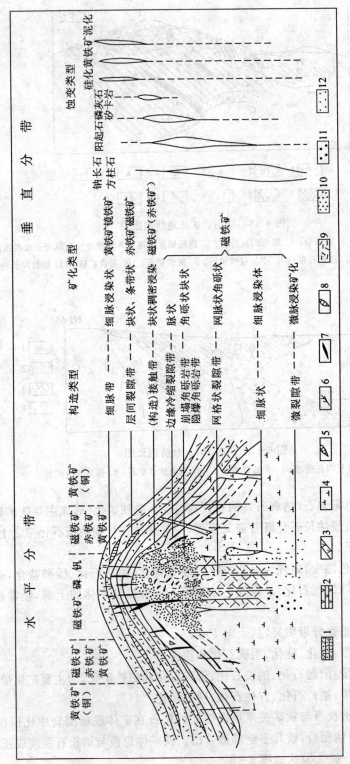

图6-8 汾岩铁矿构造-矿化模式图

1.凝灰岩；2.安山岩；3.粗安岩、粗安岩脉；4.辉石闪长岩；5.黄铁矿体；6.镜铁矿；7.磁铁矿脉；8.赤铁矿脉；9.伟晶状矿体；10.块状矿石；11.矽卡岩型矿石；12.浸染状矿石

四、甘肃白银厂黄铁矿型铜矿床

位于甘肃省皋兰县境内白银厂市附近。矿床规模很大,开采历史悠久。
矿区及其外围广泛分布下古生代海底火山喷发沉积和海相碎屑沉积岩(图6-9)。

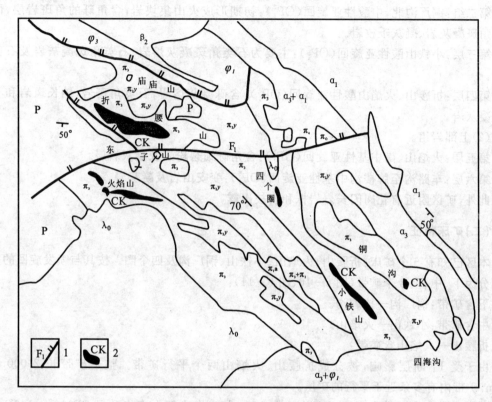

图6-9 白银厂矿田地质略图

λ_0—辉绿岩;β_1—细碧岩;φ_3—细碧质凝灰岩;π_1—石英角斑岩;π_2y—含集块石英角斑凝灰熔岩;
π_3—石英角斑凝灰岩;$\pi_1\alpha$—钠长斑岩;π_0—石英钠长斑岩;α_1—角斑岩;α_2—含集块角斑岩;
α_3—角斑凝灰岩;P—凝灰质千枚岩;1.断层;2.矿体

(一)矿区地质概况

1. 地层

(1)前寒武系:海相碎屑岩建造,普遍经区域变质,达到中级变质程度。
(2)中下寒武统:海相复理石建造,主要为变质砂岩、千枚岩夹石英岩及大理岩等。
(3)中寒武统:中酸性火山岩夹大理岩,结晶灰岩及变砂岩。
(4)中下奥陶统:自下而上为千枚岩、变砂岩、硅质岩和火山岩系。火山岩系包括下部基性-中基性火山岩组;中部酸性火山岩组;上部中基性火山岩、千枚岩组。
(5)下志留统:主要为变砂岩、千枚岩等复理石建造。

矿区位于祁连山加里东褶皱带内,寒武-志留系经加里东运动已褶皱变质,呈一复式褶皱带。矿区位于绿草地-北湾复向斜上,构造基本为一单斜层。

2. 火山岩

矿床产于火山岩中,根据岩性岩相特点,火山碎屑沉积韵律及火山喷发间歇标志,将火山岩系分为三个岩相(旋回),六大层(亚旋回):

(1)下部岩组。

第一组:折腰山北基性、中基性亚旋回(OP_1^1):细碧岩、细碧玢岩及凝灰岩。

第二组:铜厂沟北,中酸性亚旋回(OP_1^2):初期形成火山集块岩,含角砾的角斑岩层,而后沉积角斑凝灰岩、凝灰千枚岩。

第三层:小铁山酸性亚旋回(OP_1^3):主要为石英角斑凝灰熔岩、石英角斑凝灰岩及石英角斑岩。

第四层:折腰山、火焰山酸性亚旋回(OP_1^4):含砾凝灰熔岩,石英角斑岩,钠长斑岩和石英角斑凝灰岩。

(2)上部岩组。

第五层:火焰山、南中基性亚旋回(OP_1^5):含角砾细碧玢岩及凝灰岩层。

第六层:车路沟至牌楼沟中基性亚旋回(OP_1^6):变安山岩及凝灰岩。

此外,矿区附近有花岗闪长岩岩株和岩枝出露。

(二)矿床特征

本区已知有5个矿床:折腰山、火焰山、小铁山、铜厂沟及四个圈。按其与喷发旋回的关系可划分为下、中、上3个矿带(图6-10,图6-11):

下含矿带:铜厂沟—拉牌沟。

中含矿带:小铁山—火焰山。

折腰山—火焰山含矿带:

由于受F_1断层影响,被分成折腰山、火焰山两个平行矿带。整个矿带长2 000m,宽500m,矿带内有多条近于平行的矿层。

矿层产状与含矿带岩石片理产状基本一致,其走向由西向东大致呈SE110°~140°,倾向SW,倾角50°~80°。主矿体呈扁豆状、凸镜状、似层状。层状矿体最长可达1 000m,斜深300~500m,凸镜状及扁豆状矿体最长可达400~300m,斜深200~300m,厚几十米。在主矿体旁边有与之平行的小矿体。脉状矿体产出情况复杂,较规则的大脉走向延长数十米至数百米,厚1~5m。此外还有网脉状、细脉状等不规则矿体。

围岩蚀变:

①硅化、绢云母化:主要交代凝灰岩中的胶结物和晶屑长石,与成矿关系密切。

②绿泥石化:近矿蚀变,主要为含铁低的浅色绿泥石。

③黄铁矿化:发育在矿体上部及两侧。

④重晶石化:在强蚀变带中普遍出现。

⑤绿帘石化:出现在弱蚀变带中。

矿体均产在无长石强蚀变带中,此带规模愈大,分带性愈明显,矿床规模越大。矿体上盘或周围常有绿泥石化,大多数矿体产于石英绢云母亚带及次生石英岩亚带上。

(三)矿石物质成分

主要金属矿物有黄铁矿、黄铜矿,其次有闪锌矿、方铅矿、黑黝铜矿。非金属矿物有石英、

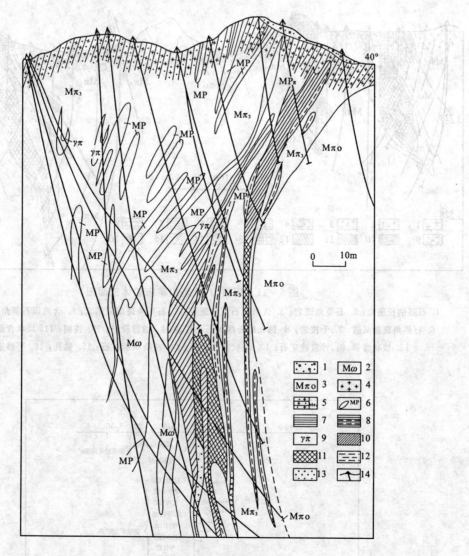

图 6-10 小铁山矿床矿体剖面图

1. 坡积层；2. 钙质绢云绿泥石英片岩；3. 石英钠长斑岩；4. 石英角斑岩；5. 石英角斑凝灰熔岩；
6. 石英角斑凝灰岩；7. 千枚岩；8. 中酸性凝灰千枚岩；9. 花岗斑岩脉；10. 块状铜、铅、锌矿石；
11. 块状含铜黄铁矿石；12. 浸染状铜、铅、锌矿石；13. 浸染状铜矿石；14. 钻孔

绢云母、绿泥石和碳酸盐矿物。矿石中主要金属元素有 Cu、Fe、Pb、Zn、Au、Ag 等，Au、Ag 与方铅矿、黝铜矿有明显的正相关系。

矿石结构：自形、半自形及他形粒状结构，花岗变晶结构，鳞片花岗变晶结构，压碎及拉长结构，交代结构等。

矿石构造：块状构造，浸染状构造，条带状构造、网脉状构造、角砾状构造、揉皱状构造等。

白银厂与不同成因类型矿床的硫同位素对比见图 6-12。

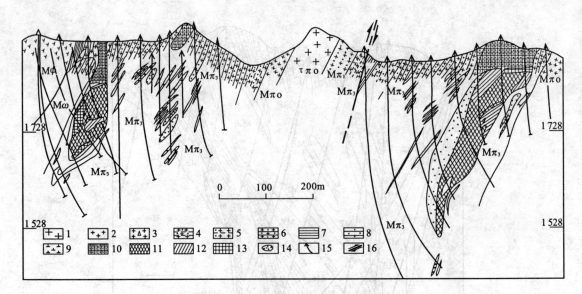

图 6-11 折腰山、火焰山矿床矿体剖面图

1. 石英钠长斑岩；2. 石英角斑岩；3. 含角砾石英角斑岩；4. 石英角斑凝灰熔岩；5. 含角砾石英角斑凝灰熔岩；6. 石英角斑凝灰岩；7. 千枚岩；8. 钙质绢云绿泥石英片岩；9. 细碧玢岩；10. 铁帽；11. 块状含铜黄铁矿石；12. 块状含铜、铅、锌黄铁矿石；13. 块状黄铁矿石；14. 浸染状铜矿石；15. 钻孔；16. 平移逆断层

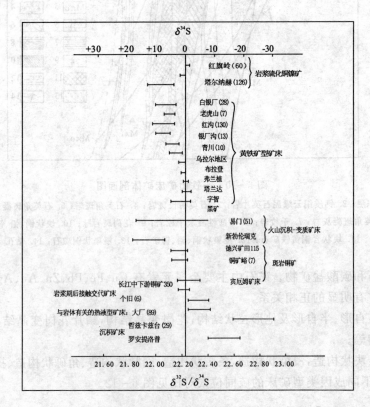

图 6-12 白银厂与不同成因类型矿床硫同位素[$\delta^{34}S$(CDT,‰)]特征对比图

（括号内的数字为样品数）

五、福建紫金山金铜矿床

紫金山金矿区位于福建省上杭县境内,南距上杭县城平距 14.6km,矿区交通方便。

紫金山金铜矿属国家级特大型金铜矿床,从 20 世纪 60 年代就有地质工作者做了大量的物理化学勘探工作,圈定了金铜矿异常区域。20 世纪 80 年代末期至今,原福建省闽西地质大队、第八地质大队和紫金矿业公司在东南矿段和西北矿段开展了大面积的地质普查和化探测量,在地表施工了大量的槽探和钻探工作,现已探明金矿工业储量 300 余吨,铜矿已探明储量达 200 万吨。

(一)区域地质概况

紫金山矿区位于华南褶皱系东部,东南沿海火山活动带的西部亚带,闽西南上古生代凹陷之西南,北西向云霄—上杭深断裂带北西段与北东向宣和复背斜南西倾伏端交汇部位,上杭北西向白垩纪陆相火山-沉积盆地东缘(图 6-13)。

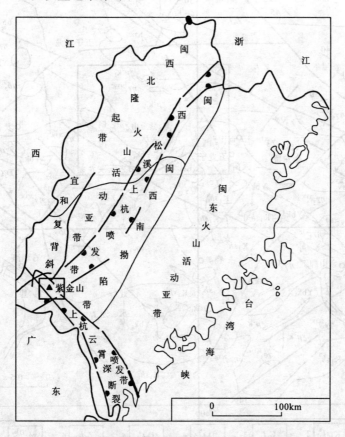

图 6-13 紫金山区域火山活动位置图(据紫金山地测处,2003)

区内主要出露震旦系浅变质岩系、上泥盆统-石炭系、白垩系地层。

区域构造活动十分强烈,以北西向和北东向为主,是本区的控岩控矿构造。

紫金山位于多条火山活动带和构造带的交汇处。在矿区内燕山期岩浆岩分布广泛,早期为酸性,呈规模较大的岩基,晚期为中酸性,规模小,呈岩瘤状,沿北西或北东向断裂侵入,并以的逐美岩体、五龙寺岩体、金龙桥岩体和燕山晚期的才溪岩体、四坊岩体等组成,在平面上呈似棋盘格状分布。地质年龄在128~157±15Ma之间。

火山岩主要分布于南部上杭火山喷发沉积盆地,属于白垩系石帽山群,为中酸性火山岩系,有熔岩、火山碎屑岩和火山碎屑沉积岩等。盆地呈北西向展布,具有多个火山喷发中心。岩浆呈周期性间歇活动,早、晚期以喷溢为主,中期以爆发居多,末期以次火山侵入作用而告终。盆地中心发育喷溢、爆发相,边缘分布喷发-沉积相。盆地周围的次级火山机构有紫金山、温屋、大炭岗、赤水、逐美、二庙沟、观音坐莲等地。岩性主要为角闪安山岩、英安岩、流纹岩、粗面岩、流纹质凝灰角砾岩、凝灰岩等,属钙碱性-钾质碱性火山岩系(图6-14)。

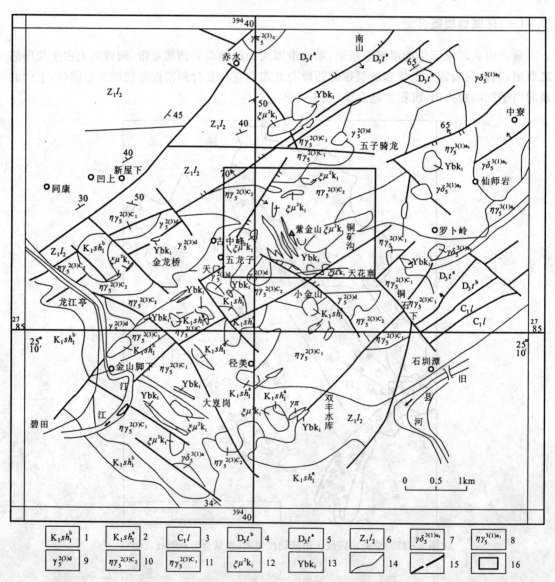

图6-14 紫金山区域地质图(据紫金山地测处,2003)

1. 石帽山群下组上段;2. 石帽山群下组下段;3. 林地组;4. 天瓦崠组上段;5. 天瓦崠组下段;6. 楼子坝群;
7. 中粗粒花岗闪长岩(四坊岩体);8. 细粒黑云母二长花岗岩(仙师岩岩体);9. 细粒黑云母花岗岩(金龙桥岩体);
10. 中细粒二长花岗岩(五龙寺岩体);11. 中粗粒二长花岗岩(逐美岩体);12. 英安玢岩;13. 隐爆角砾岩;
14. 不整合界线;15. 实测、推测断层;16. 矿区范围

(二)矿区地质(图6-15)

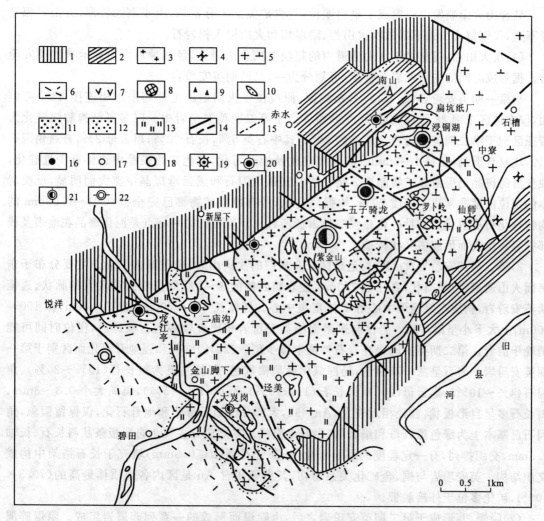

图6-15 紫金山矿田地质简图(据高天均,1999)

1.震旦-寒武系变质细碎屑岩;2.泥盆-石炭系粗碎屑岩;3.燕山早期花岗岩;4.燕山早期二长花岗岩;
5.燕山晚期花岗闪长岩;6.早白垩世中酸性火山岩;7.英安斑岩;8.花岗闪长斑岩;9.隐爆角砾岩;
10.热液角砾岩;11.石英-地开石-明矾石带;12.石英-绢云母-地开石带;13.石英-绢云母带;14.断层;
15.蚀变分带界限;16.铜矿床(点);17.金矿床(点);18.银矿床(点);19.斑岩型矿床;20.中低温热液型矿床;
21.高硫浅成低温热液矿床;22.低硫低温浅成热液矿床

1.地层

本区的地层不发育,仅在矿区北西角出露少量的楼子坝群浅变质岩,主要岩性为变质粉砂岩和千枚岩,已受较强的硅化、绢云母化和黄铁矿化。地层走向北东,倾向北西,倾角50°左右,与燕山早期似斑状中粗粒花岗岩呈断层接触。矿区大面积覆盖的是花岗岩风化的残坡积物。

2.构造

矿区内断裂构造比较发育,以北东向和北西向两组断裂为主,其次是北北东向和东西向断裂。除断裂构造外，北东、北西向两组节理裂隙也十分发育，互相交切，遍布全区。

3. 火山岩相

紫金山火山喷发中心形成于早白垩世，与成矿关系十分密切，由于剥蚀较深，火山岩相发育不全，仅保留火山颈下部的次火山相、隐爆相和火山侵入相岩石。

(1)次火山相：指充填于火山通道内的超浅层次火山岩体，经剥蚀后而出露地表的英安玢岩。据形成时间的先后及岩石特征，可划分为一、二两期英安玢岩。

1)第一期英安玢岩($\zeta\mu^1 K_1$)：分布局限，原侵位于火山通道上部与溢出相连接，已全部剥蚀，仅在矿区东南28线地表见及，呈残留体产于第二期英安玢岩中。以多斑结构和强硅化为特征区别于第二期英安玢岩。斑晶约30%，其中石英5%，长石20%，黑云母2%，普通角闪石3%，均呈自形晶，粒径1~3mm。具强烈硅化及地开石化，暗色矿物斑晶中也伴有少量硅化，蚀变后的斑晶仍保留原矿物晶形。暗化边在普通角闪石和黑云母斑晶中宽大而明显，反映岩体的定位深度非常浅。基质70%，均强烈硅化，所有原生矿物都已完全被0.01~0.03mm的均粒硅化石英取代。这种硅化是强酸性淋滤所致。该岩石的另一特点是泥化斑晶在地表及浅部很容易流失而形成多孔状构造。

2)第二期英安玢岩($\zeta\mu^2 K_1$)：是矿区分布最广的次火山岩，也是赋矿围岩。主要分布于东南面火山通道中，呈筒状，直径约700m。在岩筒西侧的3~7线间见沿裂隙侵入的脉状、透镜状英安玢岩，构成次级隐爆中心和矿体富集中心。脉体长100~500m，宽10~40m，深100~800m，上大下小呈漏斗状。岩性与东南面的英安玢岩相比含较多的石英斑晶，侵位时间可能稍晚于前者。第二期英安玢岩在岩石特征上以少斑(<20%)结构和强地开石化而区别于第一期英安玢岩。岩石呈灰—灰白色，局部氧化后呈褐红色，斑晶主要为斜长石(10%~20%)、角闪石(4%~10%)、黑云母(2%)、钾长石(1%~5%)、石英(1%~5%)，斑晶大小0.3~3mm。斜长石多呈自形板状、粒径相对较大，An=32，大部分已绢云母化和地开石化，仅保留假象，角闪石已基本上为绿色黑云母和绢云母-白云母交代。基质成分主要为自形板条状斜长石、长轴0.5mm，交织排列，有一定程度的绢云母化，一部分石英($d \leqslant 0.5$mm)填充于长石格架中构成交织结构。英安玢岩与铜、金矿化关系密切，其黄铁矿含Au是区内各地质体最高的(70.3×10^{-6})，矿化多位于外接触带。

(2)隐爆相：形成于第二期英安玢岩之后，由隐爆而形成的一系列碎屑岩组成。隐爆碎屑岩类在时空上与成矿最为密切，也是主要赋矿岩石之一。

隐爆角砾岩与近地表超浅成次火山相英安玢岩具密切的成因和时空联系。它们在空间上几乎分布在同一地段，剖面上主要分布在600m标高以上，往深部逐渐尖灭。在火山机构中形成角砾岩筒，岩筒的两侧沿北西向构造裂隙形成隐爆角砾岩脉密集带，主要分布在北西侧，其次是南东侧。

根据隐爆角砾岩分布特点和产出方式划分为岩筒状隐爆角砾岩和脉状隐爆角砾岩。岩筒状隐爆角砾岩产于火山岩筒中英安玢岩体的下盘，呈筒状。东西宽850m，南北长1000m，由3个渐变的相带组成，东北部为含角砾的英安玢岩，中心部位为英安质隐爆角砾岩，西南部为半环状的复成分隐爆角砾岩。脉状隐爆角砾岩(图6-16)：产于岩筒旁侧的北西向裂隙带中，脉宽数十厘米至数米，长数十米至数百米。主要分布于北西侧，其次是南东侧，其他部位稀少。以角砾岩为主，局部出现集块岩和凝灰岩，岩石具隐爆角砾结构。两种隐爆角砾岩特征对比见表6-4。

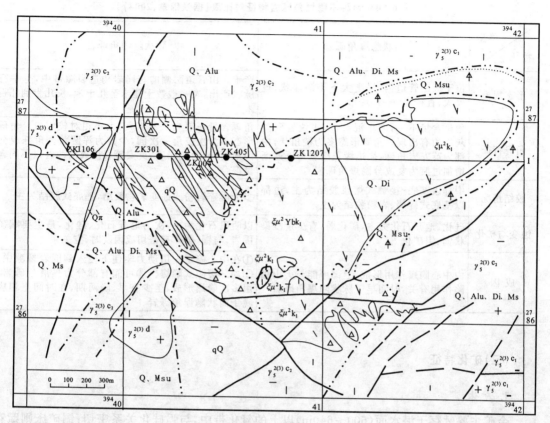

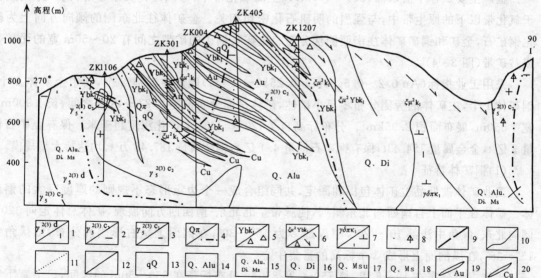

图6-16 紫金山火山机构地质略图(据福建省闽西地质大队地质八分队,1995)

1. 燕山早期细粒白云母化花岗岩;2. 燕山早期中细粒花岗岩;3. 燕山早期中粗粒花岗岩;4. 石英斑岩;
5. 复成份隐爆角砾岩;6. 英安质隐爆角砾岩;7. 花岗闪长斑岩;8. 震碎花岗岩;9. 断层;10. 地质界线;
11. 岩相界线;12. 蚀变带界线;13. 硅化带;14. 石英明矾石带;15. 石英明矾石地开石绢云母带;
16. 石英地开石带;17. 石英绢白云母带;18. 石英绢云母带;19. 金矿体;20. 铜矿体

表 6-4 两种不隐爆角砾岩特征对比表（据张锦章，2004）

特征\类型	筒状隐爆角砾岩	脉状隐爆角砾岩
形态规模	位于火山管道内，呈上大下小漏斗状，规模大，直径 500~1 000m	产于火山管道两侧的花岗岩构造裂隙带中，呈平行脉状产出，宽一般数十厘米至几十米，长几十到几百米
角砾特征	角砾含量不一，大小混杂，从集块岩到凝灰岩均有出现。角砾形态多为棱角状，中部为英安岩角砾，往边缘花岗岩角砾逐渐增加过渡为复成分隐爆角砾岩	角砾含量一般 30%~80%，大小相较均匀。角砾形态多为次棱角—次圆，少数为浑圆状。角砾成因地而异，为花岗质、英安玢岩质或由两者以不同含量混合
胶结情况	中部以基底-接触式熔浆胶结为主，边部以基底式碎屑、岩粉胶结为主	多为震碎岩粉或蚀变矿物胶结，基底式胶结为主
蚀变与矿化	硅化、地开石化为主，矿化弱，有少量浸染状铜、钼矿化	以明矾石化为主，次为地开石化、硅化，是主要赋矿围岩，与铜、金矿有密切成因及时、空关系
成因	由中心隐爆作用形成，上部可能与火山塌陷作用有关，时间早于脉状隐爆角砾岩	①在中心隐爆作用动力驱使下侵入到围岩裂隙中。②局部裂隙式隐爆。③可能有部分为热液角砾岩。由多次隐爆形成，至少有早、晚两期，在时间上相应晚于筒状隐爆角砾岩

（三）矿化特征

1. 矿体

金矿主要赋存于潜水面（600~640m）以上的氧化带中，与强硅化关系密切；铜矿床则赋存于氧化带以下的原生带中，与强烈的明矾石化密切相关。金矿体往北东侧的倾向方向上为硫化铜矿石，金矿和铜矿矿体往南西侧伏分布。金矿与铜矿的矿带之间有 20~50m 宽的无矿带或贫矿带（图 3-4）。

采用工业指标（Au 0.2~0.5g/t；Cu 0.25%~0.4%）圈定主矿体 2 个，其中金矿体 1 个，铜矿体 1 个，主矿体的旁侧分布零星小矿体，矿体平面分布范围为 27~48 线之间，长 1 900m、宽 1 550m，展布面积 2.95km^2。分布标高自 1 120~ -400m，矿化深度超千米。保有金矿石储量 3 亿 t，金金属量 154.43t；保有铜矿石储量 4.4 亿 t，铜金属量 187.48 万 t，均达特大型规模。

（1）铜矿体特征

工业矿体被低品位矿体包围和圈定，共同组合成一个边缘形态不规则的厚度巨大的铜矿体。矿体在平面上自南西向北东斜列，使脉带呈北北东-南西西方向展现，矿体总体走向 320°，倾向北东，倾角中浅部 10°~20°，中深部多为 15°~30°，在剖面上呈右形侧列分布，侧伏角约 15°~35°，在纵剖面上形成 3 个标高的富集中心。

矿体主要分布在 19~8 线，长 750m、宽 850m、分布标高在 650~50m 的区间，呈上宽下窄的向南西侧伏的不规则"柱状体"。

矿体以 3 线剖面厚度最大，工业矿体间隔多在 10~20m 间，以 3 线为中心向两侧至 4 线、15 线，矿体厚度变小，矿化系数降低。

矿体分支复合明显，矿体内部有夹石，形态复杂。工业矿体多为不规则巨大透镜体，次为不规则似板状体。中部厚度可达 300m 以上，但向两侧急剧分支变薄。

矿体产状总体上比较稳定，变化有一定规律。具有波动起伏特征，走向 320°，局部变化范围在300°～340°区间;工业矿体倾角总体较为平缓,中浅部倾角多为10°～20°,而中深部倾角多为20°～40°。

矿体分布于27～16线,长1 200m,宽1 100m,展布面积1.40km²。普遍具走向长度小于倾向延深的特点,按延展面积划分规模达大型。

(2)金矿体

工业矿体周边以低品位矿体相环绕,形成巨大透镜体状,矿体中部具面状矿化特征。受地形及氧化带影响,在平面上由北西-南东方向展布,剖面上呈橄榄型,分布于27～48线之间,长1 900m,宽900m,分布标高在592～1 120m的区间。最大倾向延深940m,最大厚度420m。

矿体在水平断面上呈葫芦型,36线矿化最差,仅有3条低品位矿体把两边的矿体相连。

矿体以7～8线区间厚度最大,垂直矿化系数达到0.95以上。以3线为中心向两侧至19线、32线,矿体厚度变小,宽度也变小,厚度变化系数为120%,变化程度为较稳定型(图6-17)。

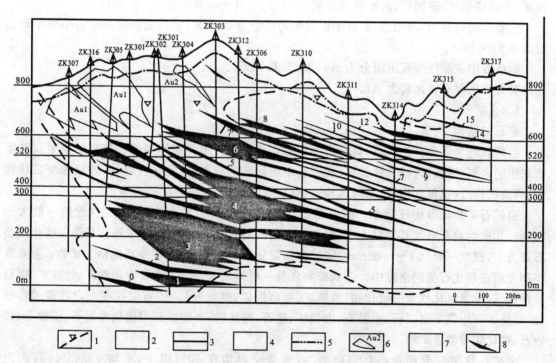

图6-17 紫金山3线矿体形态剖面图(据福建省闽西地质大队,2001)

1.潜水面;2.淋漓亚带;3.淋漓亚带下界;4.次生富集亚带;5.次生富集亚带下界;
6.金矿体及编号;7.原生带;8.原生铜矿体

矿体形态为较规则的大透镜状,其最大铅直厚度与最大水平宽度的比值分别为0.25～1之间。矿体边部见分支复合现象,矿体内部有少量夹石,总体上形态较简单。

矿体产状总体上比较稳定,变化有一定规律。具有波动起伏特征,走向320°,局部变化范围在300°～340°区间。总体倾向南西,倾角约15°～25°。矿体主要分布于隐爆角砾岩、脉状英安玢岩及外围宽80～200m震碎花岗岩中。矿体富集部位主要受北西向构造密集带和氧化带控制,矿体规模巨大。展布面积1.71km²,按延展面积和储量均可划分为规模巨大型。

2. 矿石

(1) 铜矿石

矿石结构繁多,以他形-自形晶粒状结构、包含结构、固溶体分离结构、交代残余结构为主,其次有交代填隙结构、交代环圈结构、似文象结构等,具典型热液交代金属硫化物矿石结构特征。

矿石构造以脉状、网脉状、细脉浸染状构造为主,其次有角砾状构造、斑点-斑杂状构造、块状构造等。

矿石的金属矿物中以硫化物为主。金属硫化物中除黄铁矿外,主要为铜的硫化物,其中蓝辉铜矿、铜蓝、块硫砷铜矿、硫砷铜矿占 99.26% 以上,其次为辉铜矿、斑铜矿等,其他铜金属硫化物量极少。

非金属矿物主要为石英,次为地开石、明矾石、绢云母,少量重晶石、长石、白云母、氯黄晶等。

组成铜矿石的最主要的矿物成分为石英、明矾石、地开石、黄铁矿、蓝辉铜矿、铜蓝和硫砷铜矿,少量辉铜矿、斑铜矿,占矿物总量的 99% 以上,其中金属矿物占 6%～12%。

主要有用组分为 Cu,工业矿石中铜的平均品位为 0.58×10^{-2},低品位铜矿石中铜平均品位为 0.31×10^{-2}。

铜矿石中主要伴生有用组分为 Au、Ag、S、Ga、SO_3。

矿石中主要有害元素为 As。

(2) 金矿石

矿石的结构、构造:

金矿石均为氧化次生矿石,其结构构造特点与表生作用有密切关系。据自然金及与其紧密共生的金属矿物(褐铁矿、针铁矿)在矿石中所呈现的特点,可见包含结构、胶状和变胶状构造、蜂窝状构造、团包状构造、角砾状构造、脉状或网状构造、浸染状构造等。

金矿石矿物成份比较简单。脉石矿物含量一般大于 93%,以石英为主(含量一般大于 90%),其次为地开石及其他粘土矿物(占 3% 左右),偶见明矾石、绢云母等。石英以硅化微晶石英为主,粒度一般 0.1～0.01mm,同时存在部分原生石英,地开石及其他粘土矿物,主要散布和充填在硅化石英的空隙中。金属矿物含量一般为 3%～5%,主要为褐铁矿、针铁矿、微量黄钾铁矾,少量氧化残余的硫化物(黄铁矿、蓝辉铜矿、铜蓝等)。矿石中存在一定数量的自然金,此外矿石中偶见金红石、重晶石、方铅矿、锆石、自然铅、个别矿石中偶见独居石、褐帘石、碳矽石、磷钇矿等微量矿物。

金矿石化学成分简单,以 SiO_2 为主,含量一般均在 90% 以上,平均 93.83%,其次为 Fe_2O_3(3.55%)、FeO(1.14%),少量 Al_2O_3(0.98%)。

有用组分为单一 Au,金矿物成色高,可达 948‰～991‰,一般大于 950‰,基本上为自然金。自然金与褐铁矿紧密共生,主要赋存于孔隙、裂隙中。其中,裂隙金占 77%、晶隙金占 15%、包体金含量甚微。

(四) 围岩蚀变

从剖面上看,可以把围岩蚀变分为 4 个带(图 6-18),从上到下分别为强硅化带、石英-明矾石(地开石)带、石英-地开石(明矾石、绢云母)带、石英-绢云母带。在空间上,上述 4 类蚀变岩明显受到火山机构和北西向断裂构造的双重控制,以火山机构为中心,4 个带呈原生晕状向外分布,硅质交代岩为核部,依次向外为石英明矾石蚀变岩带,石英地开石蚀变岩带,石英绢云母蚀变岩带。

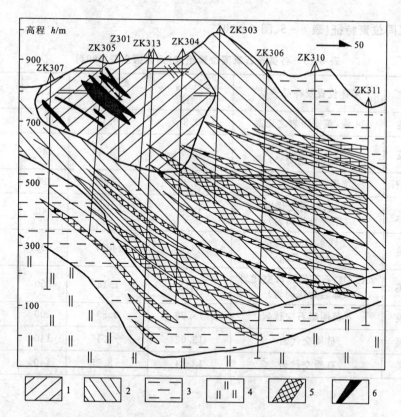

图 6-18 紫金山铜金矿床 3 线蚀变矿化分带图(据陈景河,1999)
1. 强硅化带;2. 石英-明矾石(地开石)带;3. 石英-地开石(明矾石、绢云母)带;
4. 石英-绢云母带;5. 铜矿体;6. 金矿体($\geqslant 1\times 10^{-6}$)

(五)流体包裹体特征(图 6-19)

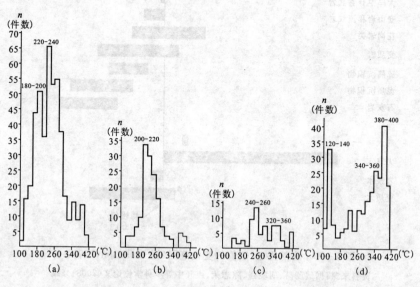

图 6-19 各类蚀变带包裹体均一温度直方图(据张德全等,1992)
(a)石英明矾石交代岩;(b);石英地开石交代岩;(c)石英绢云母交代岩;(d)硅质交代岩

(六)氢氧同位素特征(表6-5、图6-20)

表6-5 各类岩石氧同位素组成(据张德全等,1992)

样号	矿物	采样位置及样品产状	$\delta^{18}O_{矿物}$ (‰)	$\delta^{18}O_{H_2O}$ (‰)	t (℃)	$\delta^{j}_{岩石} \sim \delta^{j}_{岩石}$
Zj36	石英	14线,英安玢岩之斑晶	9.8	10.17	900	
Zj62	石英	坑道中,硅质交代岩（原岩为花岗岩）	13.7	−3.49	140	−15.96
Zj67	地开石	坑道中,地开石脉	8.4	2.26	180	−10.21
Zj145	石英	14线,硅质交代岩（原岩为花岗岩）	13.2	−3.99	140	−16.46
Zj157	石英	32线东,硅质英安玢岩之斑晶	14.4	14.77	900	
Zj385	石英	ZK2701,石英绢云母交代岩（原岩为花岗岩）	10.8	1.16	250	−11.31
Dz_2	石英	石英明矾石交代岩	13.99	0.89	190	−11.58
Dz_3	石英	硅质交代岩	13.02	−4.17	140	−16.64
Z218	石英	硅质交代岩	13.94	−3.25	140	−15.72

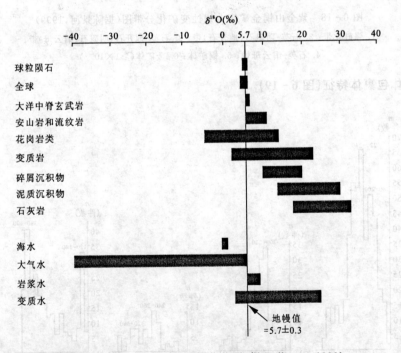

图6-20 自然界$\delta^{18}O$值的变化范围(据Rollinson,1993)
资料来源:据戴茂昌、胡晓强、陈志荣、卢开中等本科学位论文(2008)修编

六、新疆阿舍勒铜矿床

阿舍勒铜锌多金属矿床位于新疆北部阿尔泰造山带西北段,距哈巴河县城西北 30km。大地构造处在西伯利亚板块和哈萨克斯坦-准噶尔板块汇聚带附近,产于反"S"形张裂的泥盆-石炭纪火山沉积盆地中(图 6-21、图 6-22)。

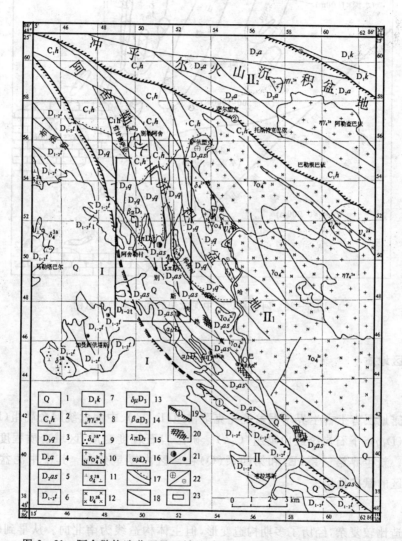

图 6-21 阿舍勒构造分区及区域地质图(据新疆第四地质大队资料编绘)

1. 第四系;2. 石炭系下统红山嘴组;3. 泥盆系上统齐也组;4. 泥盆系中统阿勒泰组;5. 泥盆系中统阿舍勒组;
6. 泥盆系中下统托克萨雷组;7. 泥盆系下统康布铁堡组;8. 花岗岩;9. 石英闪长岩;10. 斜长花岗斑岩;
11. 闪长岩-石英闪长岩;12. 辉长岩-辉长闪长岩;13. 齐也旋回次闪长玢岩;14. 齐也旋回次玄武安山岩;
15. 阿舍勒旋回次石英钠长斑岩;16. 阿舍勒旋回次安山玢岩;17. 地质界线及不整合界线;18. 断层;
19. 区域深大断裂;20. 矽卡岩化;21. 大型铜锌矿床、铜矿点;22. 金矿床、金矿点;23. 阿舍勒矿区工作范围;
①玛尔卡库里大断裂;②别斯萨拉大断裂;③加曼哈巴大断裂;I 额尔齐斯褶皱带;II_1 额尔齐斯褶皱带;
II_2 西伯利亚板块西南缘阿尔泰造山带古生代陆缘构造活动带

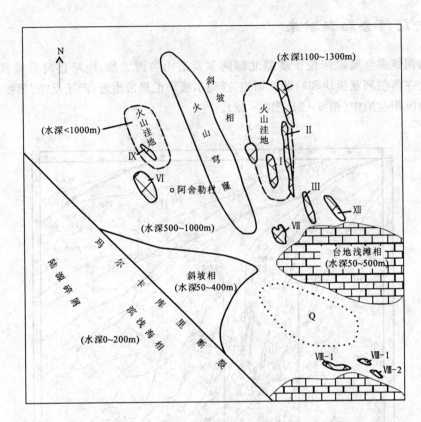

图 6-22　阿舍勒矿区中泥盆纪岩相古地理示意图

(一)矿区地质

1. 地层

矿区出露地层有上古生界中泥盆统托克萨雷组($D_{1-2}t$)、中泥盆统阿舍勒组(D_2as)和上泥盆统齐也组(D_3q)、下石炭统红山嘴组(C_1h)。矿区岩石轻度变质,区域变质程度大致相当于低绿片岩相。新生界第三系(E)和第四系(Q)在矿区内零星分布。其中中泥盆统阿舍勒组(D_2as)为矿区的赋矿地层。

2. 构造

矿区构造比较复杂,经历了多期构造变形,但主体构造线为南北向。从早到晚,随着构造期次不同而各具特色,但彼此之间又显示有一定的继承性。这与它们所处的构造应力场有密切的直接关系。

(1)矿区构造层特征

根据本次对矿区地层的接触关系、岩相及构造发展演化的特点研究,结合周良仁等人(1995)研究成果,玛尔卡库里断裂以东,除老第三系地层覆盖在晚古生代地层之上外,矿区晚古生代地层构造变形特征按构造层划分标志,可划分为 4 个构造层:即泥盆系中下统托克萨雷组构造层、泥盆系中统阿舍勒组构造层、泥盆系上统齐也组构造层、石炭系下红山嘴组构造层(图 6-21)。

(2) 褶皱构造

矿区内出露较大规模的次级褶皱共有十余个。对控制矿床的褶皱构造主要是中泥盆世阿舍勒组构造层中的 22 号倒转向斜和 21 号倒转背斜褶皱构造。

综合矿区褶皱构造特征，就褶皱形态及强度而言，各构造层有明显区别，阿舍勒组为线型紧闭褶皱，且多发生倒转，齐也组为相对比较开阔的线型至开阔型过渡型褶皱，红山嘴组则属开阔型正常褶皱。

(3) 断裂构造

矿区内断裂构造发育。尤其是玛尔卡库里深大断裂生成于成矿前，并多期次活动，受其影响矿区内发育一系列次级断裂构造，按断裂展布方向可分为南北向、北西向、北东向和东西向 4 组。其中以南北向断裂为主，其次为北西向断裂。其他方向的断裂数量少、规模小，多系晚期生成。

3. 火山活动

矿区以泥盆纪的火山作用最为强烈，并在该区广泛出露，阿舍勒铜多金属矿床及矿化蚀变带均与中泥盆纪阿舍勒组的火山活动密切相关。

(1) 中泥盆世阿舍勒火山喷发旋回

主要集中分布在阿舍勒村别勒铁热克一带。中泥盆世火山喷发产物构成了中泥盆统阿舍勒组的主体，厚 1 000～2 000m。火山岩早期以中酸性火山岩-火山碎屑岩为主，晚期则基性火山喷发物占优势，火山岩喷发特征从早到晚，由远源→近源，火山活动由弱→强，最后以次火山岩的侵入结束该火山旋回。

根据火山岩岩性成分、岩相及岩石组合等特征的旋回性变化，可进一步划分为两个亚旋回，分别对应于阿舍勒组第一段（D_2as^1）和第二段（D_2as^2）。

(2) 晚泥盆世齐也火山喷发旋回

晚泥盆世火山喷发产物构成了上泥盆统齐也组的主体，不整合在中泥盆统阿舍勒组之上，由一套玄武岩-安山岩-英安岩和火山碎屑岩组成，厚度大约 1 700m。该旋回组成岩石以火山碎屑岩为主，熔岩次之，并且次火山岩也比较发育，少量火山-沉积碎屑岩。

(3) 石炭纪喷发旋回

早石炭世火山喷发具有弱→强→弱的活动规律，形成一个完整的火山喷发旋回，属华力西中期喷发旋回的红山嘴（C_1h）亚旋回。火山岩主要产于第一段（C_1h）中，为中基性-中酸性的火山熔岩及火山碎屑岩。

(4) 古火山机构

阿舍勒铜锌成矿带属一级火山构造，区域上为一张性断裂控制呈反"S"形负向火山-构造洼地。目前初步认为矿区内古火山机构主要有 7 处，除西大沟火山穹隆构造外，其余火山机构共同特征是：均为近圆形或椭圆形的负向火山洼地，规模大小不一，一般直径大于 1 000m；层状火山岩具向中心倾斜，不同岩相大致呈环状分布；破火山的中心部位往往有次火山岩相出露（说明破火山剥蚀程度至少在中等以上），有自成系统（但已受改造）的环状、半环状、放射状断裂及沿断裂侵入的晚期脉岩等。

(5) 次火山岩特征

矿区内次火山岩发育，数量较多。在时间上，一般生成于各火山旋回或亚旋回的末期。在空间上，多分布在古火山中心附近或充填在火山管道中。岩性从基性、中基性、中性、酸性均有。岩体形态呈不规则状小岩株、瘤状、蝌蚪状、脉状等。单个岩体面积均较小，一般 0.05～

0.25km², 最大 0.4km²。

矿区内次火山岩主要分属中泥盆世阿舍勒火山旋回和晚泥盆世齐也火山旋回，极少量为早石炭世红山嘴火山旋回，为海西早期和中期产物。

(二) 矿化特征

1. 矿化蚀变带及蚀变特征

在矿区范围内，受原始同生沉积断层控制的海底火山裂隙式喷发所伴随的海底火山喷气-喷流活动所形成的矿化蚀变带广泛发育，目前共圈出15个矿化蚀变带(图6-23)。大多数蚀变带呈现不规则条带状，近南北向展布，少数呈北西向带状展布，与地层的走向基本一致。蚀变带最大长度2 450m，最小长度大约20m，平均宽度50～200m，出露面积为0.02～0.2km²(表6-6)。

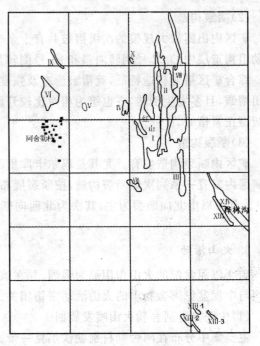

图6-23 矿区矿化蚀变带分布图
(据腾家欣等,1998)

表6-6 矿区部分矿化蚀变带特征表(据朱裕生等,2002)

编号	形态	规模/m 长	规模/m 宽	长轴方向	面积/km²	层位	蚀变类型	工作程度
Ⅲ	长条状	940	60	近南北	0.055	D_2as^1	硅化、黄铁矿化、矽卡岩化、磁铁矿化、绿帘石化、孔雀石化，深部有浸染状含铜黄铁矿石	地表有系统槽探工程，深部有少量钻探工程
Ⅳ	不规则状	300	140	北北西向	0.042	D_2as^{2-2}	硅化、绢云母化、黄铁矿化、孔雀石化	已做普查评价
Ⅴ	椭圆状	120	30	北北西向	0.004	D_2as^{2-1}	硅化、黄铁矿化、绢云母化、铁帽发育、孔雀石化，深部有浸染状含铜黄铁矿石	有槽探工程控制，深部有6个钻孔，开展过1:1万地质草测
Ⅵ	不规则状	900	160	北北西向	0.14	D_2as^{2-1}	黄铁矿化、硅化、绿泥石化、方铅矿化、闪锌矿化、偶见孔雀石化	已做普查报告，并提交了普查报告
Ⅶ	不规则状	650	100	北西向	0.065	D_2as^{2-1}	绢云母化、黄铁矿化、硅化、绿泥石化、铁帽、孔雀石化	已做普查报告，并提交了普查报告
Ⅷ	不规则长条状	2 400	20～200	北北西向	约0.21	D_2as^{2-1}	绢云母化、硅化、黄铁矿化、绿泥石化	未开展工作

续表 6-6

编号	形态	规模(m) 长	规模(m) 宽	长轴方向	面积(km^2)	层位	蚀变类型	工作程度
Ⅸ	带状	400	20	北西向	0.08	D_2as^{2-1}	绢云母化、高岭土化、具有铁染现象	地表有稀疏槽探工程控制
Ⅹ	不规则状	150	120	北西向	0.018	D_3q^1	绢云母化为主,次为硅化、高岭土化	未进行地表工作
ⅩⅢ	条带状	650	50	北西向	0.033	D_2as^{2-1}	硅化、绢云母化、绿泥石化、绿帘石化、阳起石化、孔雀石化、蓝铜矿化、黄铁矿化、铁帽	地表有稀疏槽探工程,已填制 1:2 000 地质草测,深部有少量钻探工程
ⅩⅣ	不规则条带状	1 250	30～170	北西向	0.134	D_2as^{2-1}	硅化、绢云母化、黄铁矿化、偶见孔雀石化、蓝铜矿化、软锰矿化	地表有稀疏槽探工程,已填制 1:2 000 地质草测
ⅩⅢ-1 ⅩⅢ-2 ⅩⅢ-3	不规则条带状	150～450	30～50	北西向	0.04	D_2as^{2-1}	硅化、绢云母化、绿泥石化、绿帘石化、阳起石化、孔雀石化、蓝铜矿化、黄铁矿化、局部发育有铁帽	

2. 围岩蚀变特征

矿区内与海底火山喷气-喷流活动以及后期构造热液叠加有关的围岩蚀变广泛发育而且强烈,主要蚀变类型有硅化、绢云母化和黄铁矿化,次有绿泥石化、重晶石化、碳酸盐化。局部发育有高岭土化、绿帘石化、明矾石化和阳起石化、次闪石化等。

(1)硅化:硅化是研究区内广泛发育且很重要的一种蚀变。主要有两种表现形式:一为硅质交代,呈面状分布;二为石英细脉、网脉或者是碳酸盐石英脉充填于围岩的裂隙中,以前者最为普遍。一般硅化越强,则蚀变带的矿化就越好。当硅质交代原岩时,形成硅化岩石,硅质彻底交代原岩时则形成次生石英岩,次生石英岩以Ⅰ号蚀变带16～20线山顶处最为发育。

(2)绢云母化:此种蚀变为围岩受到碱性热液作用的一种蚀变,大部分都伴随着硅化作用的出现而形成。主要有两种成因:一是火山喷气同生蚀变,紧密伴随着硅化作用出现,并与硅化的强弱呈反消长的关系,成分上主要是由火山岩中的斜长石和胶结物蚀变而成;二是动力变质形成蚀变,多与高岭土化及碎裂岩化伴随,产于断裂带中。同生蚀变的绢云母化发育有两种产出形式,最常见的为呈现微鳞片状交代原岩,分布比较均匀,显示定向构造,另一种形式较为少见,呈脉状产出,脉宽3mm以下,脉岩呈肉红色或是黄白色,由95%以上的绢云母组成,定向构造明显。

(3)黄铁矿化:该蚀变在研究区内广泛发育,普遍地伴随硅化和绢云母化出现,有时与黄铜矿共生。黄铁矿一般为自形—半自形,粒度一般小于3mm,呈星点状均匀分布于蚀变火山岩中,一般有两种产出形式:一呈条带状和浸染状分布,属于火山喷气沉积矿化。此类黄铁矿的粒度较细小,一般1～5mm;二是与构造热液活动有关的呈脉状产出,常见于含黄铁矿石英脉中,黄铁矿颗粒一般比较粗大,最大可达15mm。这种蚀变在地表或是近地表处,多已褐铁矿化或是黄钾铁矾化(干燥条件下),仅保留其假像或是淋失为空洞,并使蚀变岩石染色为褐红色。

(4)绿泥石化:此种蚀变与成矿作用最为密切,是一种非常重要的蚀变。一般发育有绿泥石化的蚀变带铜矿化较强。在Ⅰ号矿床中,这种蚀变在矿体的下盘最为发育,其表现形式有两种:一种呈不规则团斑状、斑点状集合体较均匀地分布在蚀变角砾凝灰岩中;另一种呈绿泥石脉产出,主要发育于Ⅰ号矿床的围岩及矿层中。

绿泥石化常与硅化、绢云母化、黄铁矿化相伴,并与硅化和绢云母化呈反消长的关系。绿泥石化常使岩石的颜色变深,蚀变较弱的呈现灰绿色,岩石通常会保留原岩的结构,形成绿泥石化岩石。蚀变强的岩石呈现暗绿色,原岩结构消失,形成绿泥石岩(绿泥石含量在90%以上)。

(5)碳酸盐化:主要以两种分布形式出现:一种为沿岩石片理、裂隙浸染状交代出现;另一种呈细脉状,脉状沿裂隙充填分布,前者较为普遍。碳酸盐矿物以含铁方解石为主,含铁白云石次之,地表常具有弱的褐铁矿化。碳酸盐矿物在矿化蚀变带两侧分布不均匀,一般多在矿化蚀变带的西侧发育。

(6)其他蚀变

①高岭土化:多沿断裂带发育,绢云母化岩石在近地表处由于受到碱性热液的作用而发生高岭土化,由地表往下则渐渐过渡为绢云母化。

②绿帘石化:主要见于Ⅰ号矿体上盘的玄武岩、Ⅻ号矿化蚀变带的蚀变火山凝灰岩中,岩石呈黄绿色。

③重晶石化:多见于重晶石矿石的近矿地段。重晶石化主要为火山喷气沉积形成,呈浸染状、条带状分布,部分呈细脉状分布。这种重要的蚀变可作为重要的找矿标志。

(三)矿体形态、产状和规模特征

阿舍勒铜锌块状硫化物矿床又称为Ⅰ号铜锌矿床,位于Ⅰ号矿化蚀变带中,由Ⅰ号和Ⅱ号两个矿体(1997年以前为4个矿体)组成。矿体数量少,但单体规模大,这是本矿床的一个突出特点。Ⅰ号矿体为本矿床的主矿体,分布于阿舍勒组第二岩性段中亚段(D_2as^{2b})顶部和上亚段(D_2as^{2-c})的层间界面附近并靠近中亚段的一侧。Ⅱ号矿体产于Ⅰ号矿体下部的中亚段地层中。Ⅰ号矿体的形态严格受到地层、褶皱构造的控制,Ⅱ号矿体的形态则受到与Ⅰ号矿体同生成矿期的同生裂隙的控制。

在空间分布上,Ⅰ号矿体位于18~13勘探线之间,总体为南北向展布,为半隐伏—隐伏矿床。构造上位于4号向斜的转折端内侧及两翼。矿体上覆地层为阿舍勒组第二岩性段上亚段(D_2as^{2c})的玄武熔岩,下伏地层为中亚段(D_2as^{2a})的蚀变火山-沉积碎屑岩类。Ⅰ号矿体与上下地层均为整合接触,并同步褶皱,呈向北倾伏、向南扬起,矿体东翼向西倒转的紧闭向斜形态。Ⅰ号矿体的总体特征见图6-24。

本矿床除了上述的Ⅰ号、Ⅱ号矿体外,在Ⅰ号矿体旁侧及玄武岩层中下部尚分布有数个透镜状、薄层状的硫化物小矿体,除个别矿体具有一定规模外,其余规模均很小,且多为单线、单孔控制,控制程度较低。

(四)矿石特征

1. 矿石矿物组成

本矿床历经20多年的研究,对各类矿石的矿物、化学组分、有害有用组分的赋存状态有了全面的认识,共发现各类金属矿物(含金属氧化物)、脉石矿物59种,其中金属矿物50种,脉石

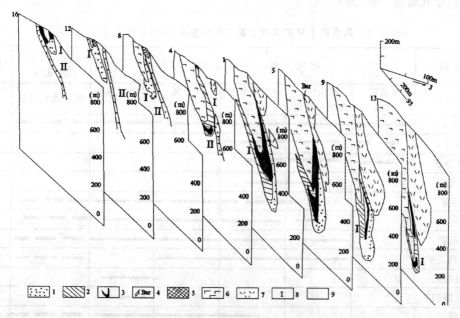

图 6-24　Ⅰ号矿体联合剖面图(据陈毓川等,1996)

1. 细脉浸染状和条带浸染状矿石；2. 条带状矿石；3. 块状矿石；4. 重晶石；5. 铁帽；
6. 细碧岩；7. 石英钠长斑岩；8. 矿体编号；9. 火山碎屑岩

矿物9种。以Ⅰ号矿体为例将其主要矿物组成列于表6-7。

2. 矿石结构、构造

本矿床经历了多期构造作用及成矿后的热液叠加改造,使矿石的结构变得较为复杂,但矿石的构造相对较简单,基本保留了原矿石的面貌。矿石的结构以微细粒状结构为主,次为交代和碎裂结构。构造则主要为块状构造,次为条带状构造。由于主要矿石矿物为硫化矿物,故矿石的结构及构造均以金属硫化物来确定的。

表 6-7　阿舍勒矿床矿石矿物成分一览表(据滕家欣等,1998)

金属矿物			脉石矿物
主要矿物	次要矿物	微量矿物	
黄铁矿、黄铜矿、闪锌矿	方铅矿、含锌深黝铜矿、含银锌锑黝铜矿	自然金、银金矿、含银自然金、金银矿、自然铜、锌铜矿、古巴矿、斑铜矿、辉铜矿、兰辉铜矿、铜蓝、留色铜蓝、辉银矿、螺状硫银矿、硫铜银矿、辉铜银矿、未定名含银矿物、硫锑铜银矿、碲银矿、辉锑铋矿、白铁矿、雌黄铁矿、磁铁矿、褐铁矿	石英、绢云母(白云母)、绿泥石、重晶石、方解石、白云石、金红石、榍石等

(五)矿化阶段划分(表6-8)

表6-8 阿舍勒Ⅰ号矿床成矿期和矿物生成顺序(据朱裕生等,2002)

成矿期	喷气-沉积同生热液矿化期					变质热液叠加改造期	表生期
成矿阶段	黄铁矿阶段	黄铜矿、黄铁矿阶段	铜锌黄铁矿阶段	多金属阶段	多金属重晶石阶段	硫化物石英脉	次生富集阶段
黄铁矿	─	─	─	─	─	─	
毒砂	─	─	─				
磁黄铁矿	─	─	─				
古巴矿		─					
方铅矿		─	─	─	─	─	
闪锌矿		─	─	─	─	─	
黄铜矿	─	─	─	─	─	─	
锌砷黝铜矿			─	─	─	─	
砷黝铜矿				─			
含银锑黝铜矿				─			
斑铜矿			─	─	─	─	─
自然金、银金矿			─	─	─		
金银矿			─	─	─		
银复硫化物			─	─	─		
重晶石				─	─		
辉铜矿				─		─	
铜蓝							─
辉锑铋矿						─	
碲银矿						─	
角银矿							─
赤铜矿							─
自然铜、自然硫							─
蓝铜矿							─
褐铁矿							─
硬锰矿							─
孔雀石							─
白铅矿							─
矾类矿物							─
石膏							─
方解石	─	─	─	─	─	─	
白云石				─	─		
石英	─	─	─	─	─	─	─
绿泥石	─	─	─	─	─	─	─
绢云母	─	─	─	─	─	─	─
阳起石	─	─	─	─	─	─	─

曹新志等,2008 修编。

七、青海锡铁山铅锌矿床

锡铁山铅锌矿床位于柴达木盆地北缘中段,西北距大柴旦镇72km,南距格尔木市140km,东与省会西宁相距约700km。隶属青海海西蒙、藏自治州大柴旦镇,交通方便。矿区外围山脉呈北西展布,山势陡峻,一般海拔3 144～3 800m,水系不发育,气候寒冷干燥。

(一)区域地质背景

该矿床位于青海省绿梁山-锡铁山-阿木尼克残山山系,大地构造位置属于南祁连山加里东褶皱带南侧,与柴达木盆地北缘邻接,赋存在赛什腾-绿梁山-锡铁山绿片岩系中,成矿时代为中晚奥陶世。

本区出露的地层主要有元古界达肯大板群片岩、片麻岩系,中上奥陶统滩间山群绿片岩系及上泥盆统和下石炭统砂砾岩系,三叠系分布局限。

区内东部阿木尼克山至锡铁山一带岩浆活动微弱,往西由绿梁山向北西至赛什腾山岩浆活动逐渐增强,侵入时代主要为加里东期、海西期,印支期较少。加里东早期主要为超基性岩,中期以基性-超基性及中性岩为主,晚期则为黑云母花岗岩。海西期花岗岩、花岗闪长岩十分发育,并有西强东弱的特点。

区内构造受古裂谷控制,绿岩带生成于早期拉张环境,受后期挤压变形作用,绿片岩系发育了一套倾向北东的高角度逆断层,自北向南有绿片岩系与达肯大板之间的区域性逆断层,上泥盆统与绿片岩系之间的断层,绿片岩系内的断裂和变质,对原生矿体起到了一定的改造作用。

(二)矿床地质特征

区内绿片岩系(锡铁山绿片岩)是本区矿床主要赋矿地层,分布于锡铁山沟西南侧,沿老山边缘以北西310°～330°走向展布,长逾20km,厚约1 200m,为一套海相变质火山沉积岩系,可分三个岩性段:下部以中酸性-中基性火山熔岩、凝灰岩为主夹钙质、硅质和砂泥质沉积层的火山岩性段;中部为火山-沉积岩岩性段,由火山碎屑岩、碳酸盐岩、硅质岩与含铁碧玉岩及陆源砂泥质千枚岩等组成;上部为中基性火山熔岩、凝灰岩和中基性侵入岩为主组成的火山-侵入杂岩带(图6-25)。矿床位于中部火山-沉积岩岩段下部的碳酸盐岩层位中,为一套大理岩、钙质片岩、凝灰岩与凝灰质泥砂质千枚岩、板岩夹硅质岩、碳质片岩等组合成的岩层,其分布宽达200m,延长约16km。含矿层有一定层位,呈带状分布,但并不受单一岩性控制。

矿区主要构造为一组倾角北东的单斜构造。走向南东—北西,倾向35°～75°。由于断裂挤压,深部含矿地层陡立,局部倒转。褶皱构造仅限于层间拖曳褶曲,主要有锡铁山倒转倾伏背斜、骆驼峰向斜、小柴旦南沟倾伏背斜。

锡铁山矿床包括锡铁山、断层沟两个矿段的三个矿带,呈北西-南东向展布,总长达5km,宽60～220m。矿体呈似层状、透镜状,产状与围岩、区域构造线一致,随地层同步褶曲,在背斜轴部形成一些鞍状矿体,在构造破裂发育地段形成一些脉状、束状、不规则状矿体(图6-26),探明矿体183个,组成三个矿带。自南向北为:

一号矿带:分布于锡铁山背斜北翼大理岩与片岩接触部位,呈北西-南东方向展布。全长约1 800m,宽45m,最宽处72m。探明矿体数十个。矿体多呈透镜状,与地层产状一致,最大

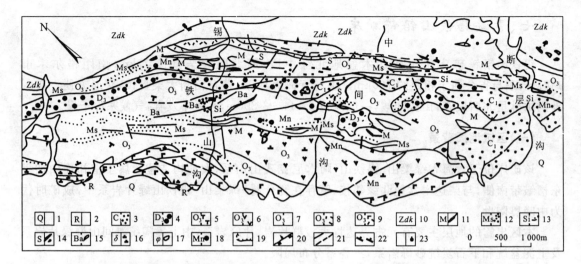

图 6-25 青海锡铁山矿区地质略图(据青海冶金地质八队资料,转引自陈毓川等,1993)
1. 第四系;2. 第三系;3. 下石炭统;4. 上泥盆统;5. 上奥陶统基性熔岩;6. 上奥陶统中性火山岩;
7. 上奥陶统火山碎屑沉积岩;8. 上奥陶统酸性火山岩;9. 上奥陶统变基性火山岩(斜长角闪片岩);
10. 长城系(达肯大板群);11. 大理岩、灰岩;12. 大理岩、灰岩夹泥钙质千枚岩;13. 含铁硅质岩(红碧岩)、硅质岩;
14. 硫化物矿体;15. 重晶石脉;16. 中基性侵入岩;17. 超基性岩体;18. 锰矿化点;19. 地层不整合界线;20. 逆断层;
21. 性质不明及推测断层;22. 地层产状;23. 牙形刺化石点

的矿体(Ⅰ号矿体)长849m,厚2~46m。矿石为致密块状。

二号矿带:分布于锡铁山背斜南翼,与一号矿带近平行排列。矿带长约3 000m,宽22m,最宽处约80m,倾向南西。倾角60°~70°。已探明矿体数十个,其中最大的长约1 365m,厚4m,最厚处达59m。矿体主要产于大理岩与绿片岩接触地段,呈透镜状、平行脉状,产状与围岩一致,矿石为致密块状。

三号矿带:分布于二号矿带西南面,绿片岩与紫红色砂岩之间,跨越两个矿段,呈南东-北西向展布。在锡铁山矿段,长达1 250m,宽约70m,最宽处140 m,倾角60°~70°,倾向随围岩褶曲而变。在锡铁山矿段倾向南西,在断层沟矿段倾向北东。矿体主要赋存在绿片岩、钙质片岩中,呈不连续脉状或小扁豆体,以浸染状矿石为主,块状次之,并有方解石脉、石英脉共生。

矿床按工业类型可分为硫化矿石和氧化矿石两大类。原生硫化矿石有硅质条带状矿石、块状矿石、花斑状矿石、细脉浸染状矿石等。

矿石的矿物组分比较简单,主要金属矿物有方铅矿、闪锌矿、黄铁矿、胶黄铁矿,其次为毒砂、磁铁矿、黄铜矿、银黝铜矿。非金属矿物有石英、方解石等,其次有绿泥石、绢云母、石膏、明矾石等。

矿石结构有半自形—自形粒状结构、交代结构、固溶体分离结构、胶状结构、变晶结构等。

矿石构造主要有块状构造、花斑状构造、环带状构造、条带状构造、脉状、细脉状构造和角砾状构造。显示了沉积、变质、热液等复杂的成矿作用。

矿石硫化物平均品位:Pb 3.7%, Zn 5.39%, Pb∶Zn 为1∶2,伴生 Au:0.39~1.12g/t, Ag:19.6~46.6g/t, Sn:0.087%, Cd:0.033%, In:0.003 1%, Li:14.43%~18.4%。

根据矿石矿物组成及组构特征可将锡铁山铅锌矿床的成矿过程分为同生、后生和表生3个阶段。主要金属矿物有3~4个世代,表明成矿过程具有多阶段性。原生矿石元素分带:

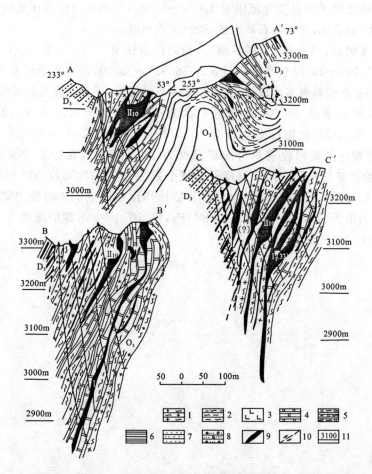

图 6-26 青海锡铁山矿床地质剖面图（据青海冶金地质八队资料，转引自陈毓川等，1993）
1. 绢云绿泥石英片岩；2. 含碳质片岩；3. 变火山岩；4. 大理岩；5. 不纯大理岩；
6. 板岩；7. 砂岩；8. 砂砾岩；9. 矿体；10. 断层；11. 高程

Pb、Zn 品位由 NW 至 SE 有降低趋势；矿石品位与矿石厚度呈反相关关系；垂向上，上部 Pb 高，下部 Zn 高；矿床的 NW 段为铅锌矿的富矿集中区。

矿床氧化带，其形成时间可能为第三纪末或第四纪初，并一直延续至今（青海第五地质队，1988）。矿区已发现表生矿物 100 多种，金属矿物有白铅矿、菱锌矿、水锌矿、针铁矿、赤铁矿、软锰矿、硬锰矿、自然金、自然银等，非金属矿物有石英、蛋白石、石膏、水高岭石、伊利石、孔雀石、自然硫以及富钠的钒类矿物。根据形成时间及矿物组合不同，可将锡铁山铅锌矿氧化带分为碳酸盐型（L 型）、氧化物型（Y 型）和浸染型（J 型）。L 型与富黄铁矿的块状铅锌矿体有关，Y 型与贫黄铁矿的块状铅锌矿有关，J 型氧化带之下为稀浸染型多金属矿化体。

近矿围岩蚀变主要有在低级区域变质基础上，含凝灰质千枚岩类围岩的绿泥石化、绢云母化、硅化；以菱铁矿化为主的铁、锰碳酸盐化；围岩及矿体中晚期石膏化；矿床上部层位的重晶石化乃至重晶石矿点；矿带下盘岩石中出现的石榴石化、电气石化，有时伴有绿泥石化。

(三) 矿床成矿物理化学条件

根据青海地质五队报告，该矿床测定硫同位素样品 78 件，选择 39 个测试成果予以讨论，结果表明矿石中硫化物$\delta^{34}S$总变化范围为1.0‰～5.5‰；所测硫同位素比值较为集中，均为低正值，离散度小，略富硫，接近陨石硫组成，似源于上地幔。

矿石铅同位素组成，根据11个样品测定，铅同位素比值$^{206}Pb/^{204}Pb$为17.65～18.467，$^{207}Pb/^{204}Pb$为15.106～15.813，$^{208}Pb/^{204}Pb$为36.927～39.30，在直角坐标系中均偏离铅正常演化曲线，表明矿石铅具有多阶段演化特点，除来自地幔外，还有壳源或基底铅的混入。

矿床氧和碳同位素共26件，发现近矿大理岩$\delta^{13}C$为$-0.94‰～1.14‰$，$\delta^{18}O$为$-13.77‰～1.67‰$，脉石矿物石英$\delta^{18}O$为$-13.77‰～-1.67‰$，系海相成因。

用均一法、爆裂法及硫同位素测得成矿温度为110～140℃，含盐度(NaCl)为3.2%～5.1%，后期活化叠加矿化阶段有两个温度及盐度分别为180～330℃，7.5%～11.0%，320～360℃，32.0%～34.7%。与成矿后的火山作用、变质作用和原生矿体的叠加矿化事实相符。流体包体测定压力值为$(320\times10^5)～(360\times10^5)$Pa，相当于1 000m深的海水。

实习单元七 风化矿床

一、实习内容

(一)目的要求

(1)了解在表生情况下风化矿床的形成条件,风化矿床的剖面特征及成矿作用机理。
(2)了解金属硫化物矿床的表生变化特征及经济意义。

(二)典型矿床实习资料

(1)江西星子高岭土矿床。
(2)广西平果铝土矿床。
(3)甘肃白银厂铜矿床。

(三)实习指导

以江西星子高岭土矿床为例,实习方法步骤如下:
(1)课前复习《矿床学》"风化矿床"一章,复习以下矿物和岩石的主要鉴定特征:磁铁矿、钛铁矿、赤铁矿、斜长石、辉石、绿泥石、磷灰石、金红石、斜长岩、辉长岩等。
(2)风化矿床的成矿物质来源于母岩。一种岩石风化可以形成一定的矿床。风化矿床的形成除受原岩等地质条件控制外,还受自然地理等条件的影响。所有这些成矿条件,在分析矿床成因时都应予以注意。
(3)关于白银厂铜矿床的表生变化,要注意研究氧化带和次生硫化物富集带的基本特点及发育情况;注意各带中铜品位的变化;注意地下水面的变化在氧化带和次生富集带形成过程中的作用。

(四)思考题

(1)何谓红土型风化壳?常与哪些矿种有关?它们与何种基岩相对应?
(2)何谓粘土型风化壳?常与哪些矿种有关?它们与何种基岩相对应?
(3)何谓淋积矿床?常与哪些矿种有关?它们与何种基岩相对应?
(4)影响风化矿床形成的主要因素有哪些?它们对成矿各有哪些影响?
(5)矿床在地表风化作用下可能发生哪些变化?研究这些变化有何意义?
(6)能形成次生硫化物富集的银、铜硫化物矿体地表常可分为哪些带?它们与地下水的分带有何关系?
(7)风化壳形成的内因和外因有哪些?

(8)研究金属硫化物矿床氧化带有何实际意义？

(9)如何研究铁帽？研究铁帽有什么意义？铁帽是怎样形成的？

(五)实习作业

(1)分析星子高岭土矿床的成矿机理(附剖面图)。

(2)分析平果铝土矿矿床的成因。

(3)描述白银厂铜矿体表生变化各带的特点。

二、江西星子高岭土矿床

(一)区域地质概况

在大地构造上，星子高岭土矿区位于扬子准地台下扬子—钱塘台坳中两个四级构造单元即庐山穹断束和湖口—彭泽凹褶断束衔接处的最南端，海会—温泉倾伏背斜次级构造的南西倾伏部。区域构造呈北东—南西向，沿此方向除发育有一系列的断层和背斜构造以外，星子一带还分布有燕山早期侵入的酸性花岗岩小岩体和由它派生的白云母花岗岩岩脉。岩浆活动从其分布和产状来看，明显受断裂带的控制。区域地层较简单，主要为前震旦系的结晶片岩和混合片麻岩，其上不整合地覆盖着震旦系下统莲沱组的砂砾岩层，后者主要分布在区域西北部庐山地区。

(二)矿区地质概况

1. 地层

矿区内出露地层有前震旦纪双桥山群的上亚群(Pt_2sh_2)和第四系。对于江西双桥山群的地质时代，看法不一，根据江西省区域地质志资料(1984)，暂将其置于中元古代。在岩性上它是一套变质杂岩，在矿区范围内，它由云母片岩、十字石石榴子石云母片岩和十字云母片岩3个变质相带组成。地层倾向南西，倾角20°～50°。第四系由上述变质片岩和花岗岩风化而成的残积、坡积层和冲积层组成。

2. 构造

矿区的构造形态，总的说是呈一单斜构造，倾向南西，局部发育有层间褶皱。矿区断裂构造发育，主要为北西-北西西向的压扭性断裂，数量有60条之多，但主断裂只有9条。断裂面倾向一般与地层同向，主断裂中充填有本矿区高岭土矿体的成矿原岩——白云母花岗岩和伟晶岩。

3. 岩浆岩(成矿原岩)特征

(1)地质特征

本区岩浆岩见有白云母花岗岩和伟晶岩，以前者为主，它们是本区高岭土矿床的成矿原岩。在地表和地下浅部，它们均受到不同程度的风化作用，其中一部分发育为高岭土矿床。

白云母花岗岩呈岩脉或岩墙产出，产状与北西向或北西西向的断裂一致。伟晶岩呈不规则脉状、网脉状及其他不规则状穿切于白云母花岗岩或其两侧的云母片岩围岩中。其规模一般较小，脉宽多在0.5m以下。有些伟晶岩由单一的长石、石英或白云母巨晶组成，晶体直径可达数厘米。伟晶岩主要侵入白云母花岗岩中,但二者也存在有粒度渐变的过渡关系。因此它们之间很可能不是先后侵入的期次关系,伟晶岩只是花岗质岩浆结晶作用后期的局部分异产物。据偏光显微镜下观察,本区白云母花岗岩几乎未受到内生蚀变作用影响,但可见到斜长石交代钾长石的现象,这是岩浆结晶阶段矿物之间的一种相互反应,而不同于狭义的钠长石化作用。白云母花岗岩和伟晶岩的侵入时代经同位素钾—氩法绝对年龄测定为127Ma,属早白垩世(燕山中期)。

(2)结构构造特征

钻孔中底部新鲜白云母花岗岩呈白色和灰白色。块状构造;偏光显微镜下观察,呈细粒-粗粒花岗结构。矿物粒度较均匀,但也可见到不均粒的花岗结构或局部过渡为伟晶结构。

(3)造岩矿物特征

白云母花岗岩主要造岩矿物有钾长石、斜长石、石英、白云母和少量黑云母。副矿物主要有磁铁矿、赤铁矿、锆石、金红石、石榴子石等。

钾长石:主要是微斜长石。晶体呈半自形,有的具有格子状双晶和微条纹构造。挑选纯净的微斜长石,进行了电子探针定量分析(表7-1)。从分析结果看,本区微斜长石的化学成分百分数变化不大,变化范围:K_2O 为 16.33~16.825、Na_2O 为 0.33~0.853;SiO_2 为 63.94~65.465;Al_2O_3 为 18.07~18.91。以氧原子数为32进行了矿物晶体化学式计算。从表7-1看出,微斜长石中含有5%的钠长石分子Ab,反映在钾长石和钠长石分子组成上为$Or_{95}Ab_5$。有关这种矿物的结构状态,用弗氏台测定,三斜度d=0.72,属中间微斜长石。

斜长石:在显微镜下观察,斜长石较钾长石自形,晶体呈板状。可见到斜长石交代微斜长石的现象,后者呈残留状包裹在斜长石晶体中。斜长石组成为$Ab_{91}An_9$,属于更长石-钠长石。

白云母:白云母花岗岩中白云母的含量约在10%以下,白云母的化学成分与标准白云母相比,K_2O的含量偏低。

表7-1 微斜长石和斜长石的电子探针分析结果(%)

矿物名称	SiO_2	Al_2O_3	FeO	CaO	Na_2O	K_2O	总计	分子组成	晶体化学
微斜长石	64.19	18.34	0.50	—	0.58	16.44	100.05	$Or_{95}Ab_5$	$(K_{3.88}Na_{0.20})_{4.08}[Al_{4.01}Si_{11.92}O_{32}]$
斜长石	67.77	21.01	—	1.65	9.59	—	100.02	$Ab_{91}An_9$	$(Na_{3.24}Ca_{0.32})_{3.56}[Al_{4.31}Si_{11.80}O_{32}]$

(4)岩石化学特征

白云母花岗岩样品的化学分析结果表明,不同钻孔中的白云母花岗岩的化学成分极为相近,岩石化学特征:铝过饱和:Al>Na+K+2Ca;SiO_2过饱和,暗色矿物少b<15。按查氏岩石分类,应属于第二类第三科富碱花岗岩。

(三)矿床地质特征

1. 地层与构造

区内出露地层主要是前震旦纪云母石英片岩、云母片岩及石英岩。位于庐山背斜东翼,地层向东倾斜,花岗岩及花岗伟晶岩广泛出露(图7-1)。

2. 矿体特征

高岭土矿床是花岗岩及花岗伟晶岩长期受到风化分解的结果。高岭土矿矿体一般长200

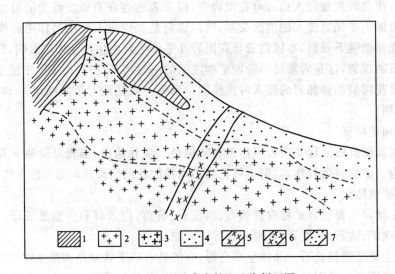

图 7-1 星子残余高岭土矿床剖面图

1. 前震旦纪片岩；2. 花岗岩；3. 风化花岗岩；4. 由花岗岩风化而成的高岭土；
5. 伟晶岩；6. 风化伟晶岩；7. 由伟晶岩风化成的高岭土

～600m，矿层厚 1～3m 至 20～30m 不等。矿石中矿物主要是高岭石，其次是水云母，同时还含有大量石英和白云母。矿石用水淘洗后可得纯高岭土，粒极细，可塑性强。化学成分：$SiO_2+Al_2O_3>80\%$，其他杂质有 K_2O、Na_2O、CaO、MgO、Fe_2O_3、TiO_2 等，含量一般<1%。故矿石质量优良，是很好的陶瓷原料，是我国闻名世界的景德镇瓷器原料主要产地。

3. 矿石特征

(1) 矿石类型

按照高岭土原岩的不同，矿石类型有花岗岩风化型和伟晶岩风化型两种。原岩类型也影响到高岭土的质量，由白云母花岗岩风化而成的高岭土呈浅灰色；由黑云母花岗岩风化而成的高岭土呈浅黄色；由伟晶岩中块状微斜长石风化而成的高岭土为白色，质纯而具蜡状光泽。矿石一般为块状、脉状。

(2) 矿物组成

高岭土原矿石的矿物组成较简单，主要是高岭矿物和与其伴生的石英、较细粒级白云母及其风化产物如水白云母等，一部分原矿石，特别是矿体下部半风化带中高岭土含有少量的长石矿物。

1) 高岭石矿物

由有序度较低和晶形不规则的高岭石、空心管状和破裂管状埃洛石组成。高岭石片状晶体粒径 2μ 左右，但书册状、厚板状聚晶多半大于 2μ。

2) 主要伴生矿物

①石英：是原岩中最稳定的矿物，几乎全部残留在高岭土矿石中。②长石：和斜长石一起出现在半风化花岗岩中，其含量取决于原岩风化成高岭土化的程度。③白云母及其变化产物：星子高岭土由白云母花岗岩及伟晶岩风化而成，因此高岭土中必然残留有原岩中的白云母及其变化产物，如水白云母、白云母-高岭土过渡矿物，并最终转变为具云母假像的高岭石。

4. 风化剖面垂直分带

风化剖面垂直分带清楚。自上而下可分为全风化带、半风化带和原岩带3个带。在全风化带中主要矿物为高岭土和埃洛石以及少量的白云母和石英，半风化带中除上述矿物外，还有易于风化的长石类矿物。

风化剖面自上而下，高岭矿物的含量由少而多，而长石类矿物含量则趋于由多而少的方向变化，这两种矿物之间呈现负消长关系。这清楚地说明，高岭矿物是由长石转变而来。

（四）矿床成因

星子高岭土矿床属于典型的白云母花岗岩和伟晶岩风化残积型矿床。它是在大陆上由一定种类的岩石在有利的气候、地形、构造和水介质条件下原地风化而成。

1. 成矿原岩

原岩是风化残积型高岭土矿的成矿物质基础。本区主要成矿原岩为白云母花岗岩和伟晶岩，但以前者为主。白云母花岗岩中的长石（钾长石和斜长石）含量可达 60%～70%，TFe+TiO_2 平均 0.77%。岩石为细—粗粒花岗结构，从成分上看是高岭土成矿的理想原岩。岩石结构也有利于地下水的渗透，加速了花岗岩中铝硅酸盐矿物的高岭土化。

2. 气候条件

温度和雨量是气候条件中影响风化的最重要因素。温度影响化学反应的速度，雨量则控制着化学风化所赖以进行的水的数量。本区气候温暖潮湿，雨量充沛，植被繁茂，具亚热带湿润气候特色。年平均气温18℃以上，最高气温达40℃左右。有机质的分解产生大量 CO_2 和腐殖酸，使水介质呈酸和弱酸性，化学风化强烈，利于原岩中长石和云母的水解和高岭石矿物的形成。

3. 地形条件

地势高低控制水动力流泄条件和风化产物的转移，从而影响风化作用的强度。矿区位于鄱阳湖平原，地势平缓，这就提供了广泛的汇水面积。水源丰富，利于水介质对原岩浸泡和原生矿物中碱和碱土金属离子的流失和铝的富集，从而向高岭石矿物转化，因此是成矿的有利地形。

4. 构造条件

区域构造控制了成矿带的分布，成矿原岩沿主断裂带分布。矿区内断裂构造发育，构造作用使岩石产生裂隙和破碎，为地下水的流动提供了良好的通道，这必然会显著地增大化学分解的强度和深度，为岩石的高岭土化提供条件。

三、广西平果铝土矿矿床

广西岩溶堆积型铝土矿，在中国，乃至世界都是一种新型工业类型的铝土矿床。分布在桂西的平果、靖西、德保、田阳等地，已经探明和初步探明的铝土矿资源十分丰富，远景储量达8亿多吨，居全国首位，而且潜在的资源十分巨大。

平果铝土矿位于广西平果县内，由那豆、太平、教美、新安、果化5个矿区组成，分布面积约1 750km²。那豆、太平、教美D级以上地质储量达2亿多吨，在我国铝资源中占有重要地位（图7-2）。那豆矿区位于平果县城北西2km，有内银、那塘、那豆、布绒、古案、那端、布禄、雅郎、江洲等9个矿段,共45个矿体群148个矿体。主要分布于海拔120~650m之间,产于岩溶地、洼地、缓坡以及缓坡丘陵等地貌单元中,呈NW—SE方向展布,长20km,平均宽6km,面积120km²。

(一)区域地质概况

矿区主要出露地层为泥盆系、石炭系、二叠系和三叠系(图7-2、图7-3)。

本区在燕山运动时隆起为陆地,并使地层进一步发生褶皱。矿区内有一系列向斜、背斜。背斜轴部为泥盆纪灰岩,翼部为石炭、二叠纪灰岩。在向斜轴部是三叠纪灰岩及砂页岩夹泥灰岩(图7-2)原生海相沉积,铝土矿产于上二叠统底部、下二叠统茅口灰岩的风化面上,呈假整合接触(图7-3)。

(二)矿床地质特征

矿区岩溶堆积铝土矿层自上而下分为3层,矿泥塑性指标各有所别,对洗矿生产有不同影响。第一层为黄褐色砂质粘土层、夹少量岩石碎屑,含稀少铝土矿细粒,厚度一般1~3m。所含矿泥为砂质,粘性小,塑性指数一般为17。第二层为主要含矿层,呈土红色,以铝土矿、粘土矿(岩)块砾碎屑为主,掺杂有少量褐铁矿等块砾,粘土的塑性指数一般为22左右。铝土矿碎屑块度不均,矿石块度大,一般1~50cm,浑圆度差,呈棱角状,厚度一般3~5m,含矿率高,洗矿效果好。以上两层含矿率均在0.7t/m³以上,约占总量的70%。第三层为紫红色胶状粘土,主要为粘土,局部含少量3cm以下浑圆度好的铝土矿、褐铁矿等砾石,厚度一般1~5m,多沿基岩凹处不整合分布,石牙凸起部位常缺失。含矿率多低于0.6t/m³,且向下逐渐趋低,矿石块度变小,并逐渐过渡到粘土。

1. 矿床类型

那豆矿区有原生沉积铝土矿、风化次生的残积和岩溶堆积铝土矿等3种类型。原生沉积铝土矿床分布在那豆背斜四周的二叠系合山组下部,为浅海至滨海相沉积物,呈层状-似层状产出,因含硫高,目前尚难利用。残积铝土矿分布在原生矿床附近,局限在古案矿段25N号矿体的中部北东侧,其规模小,仅占探获工业储量的2.2%,质量好,可以开采利用。岩溶堆积铝土矿是原生矿床在岩溶发育过程中,经风化、崩解、重力搬运后堆积于各种地貌单元的第四纪地层而形成的矿床,其规模大,占探明工业储量的97.8%,品位高,质量好,易选。矿床水文地质及开采技术条件简单,表土覆盖厚度小,是目前矿山主要开采的对象。

2. 矿体产出特征

(1)矿体分布

主要矿体大多分布在原生沉积铝土矿层位以下的岩溶洼地及坡地上,那豆、新安、果化矿体都在其短轴背斜范围之内,太平和教美矿体则在兴宁背斜的两翼,也受背斜控制。那豆矿区铝土矿堆积在下二叠统出露区的储量占54%,石炭系出露区的储量占37%,背斜轴部泥盆系出露的储量占1%,而经过搬运再堆积在含矿层位以上的地段只占8%。矿体分布的标高相差较大,那豆矿区148个矿体分布于120~650m标高之间,其中91个矿体占74%的储量分布于300~650m标高,矿体形态呈不连续的似层状、透镜状、扁豆状产出。

(2)矿体形态

矿体形态较复杂。分布于峰丛洼地的矿体一般呈平缓状产出,分布于峰林谷地的矿体呈微倾斜状产出;分布于山脊缓坡的矿体呈缓倾斜状产出。平面上呈枝状、长条状、网状;剖面上

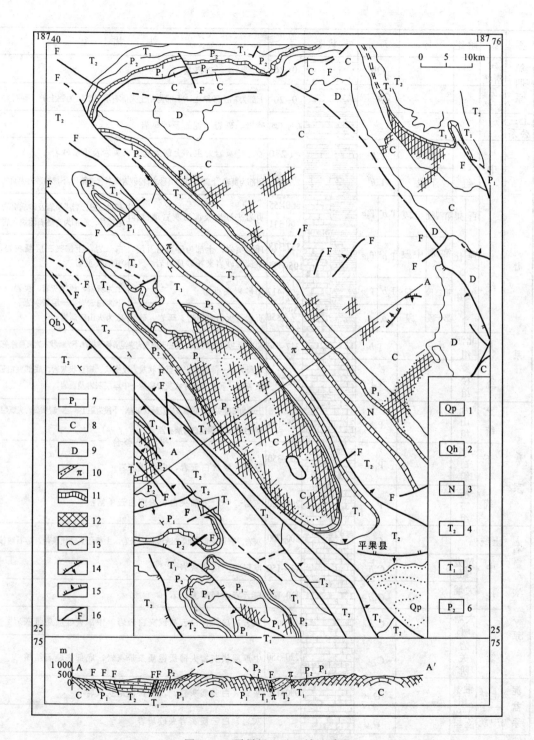

图 7-2 平果铝土矿区域地质图

1. 第四系未分层；2. 第四系全新统；3. 上第三系；4. 中三叠统；5. 下三叠统；6. 上二叠统；7. 下二叠统；8. 石炭系；9. 泥盆系；10. 层凝灰岩；11. 原生铝土矿层；12. 岩溶堆积铝土矿；13. 实测、推测地质界线；14. 实测、推测逆断层；15. 实泥塑、推测正断层；16. 实测、推测断层

系	统	阶组	段	符号	柱状图	厚度(m)	岩 性 描 述	
第四系	全新统			Qh		0~26	砂、粘土、砂砾层	
	更新统			Qp^{el-dl}		0~20	上部为粘土砂粘土,下部为粘土夹砾石层(矿区为铝土矿、砾石)	
上三叠系						厚度不明	砂岩、砾岩、泥岩及砂砾岩	
三叠系	中统	河口组	上段	T_2h^2		>1 270	砂岩、页岩为主,上部为灰岩夹页岩及少量砂岩	
			下段	T_2h^1		735	顶部为页岩,上部为页岩夹砂岩,粉砂岩夹灰岩透镜体,下部细砂岩夹页岩。	
		百莲果化组组	第四段 上段	T_2b^4 T_2g^3		560~750 / 455~531	页岩夹砂岩及泥质灰岩透镜体	灰岩,白云岩夹页岩及砂质页岩透镜体,底部为含燧石团块灰岩。
			第三段 中段	T_2b^3 T_2g^2		537~1059 / 378~455	顶为页岩,上部为砂页岩互层,下部为砂岩夹粉砂质页岩	白云岩,上部夹三层凝灰岩,中部夹页岩。
			第二段 下段	T_2b^2 T_2g^1		517~862 / 412	细砂岩夹页岩	上为灰岩、鲕状灰岩、页岩,下为白云岩夹一层凝灰岩,
			第一段	T_2b^1		39~276 / 850	页岩、火山碎屑岩、砾岩、砂岩	底为火山碎屑岩
	下统	北泗组		T_2b		317~440	顶为一层火山碎屑岩,上为白云质灰岩夹泥质条带灰岩,下为鲕状灰岩夹页片灰岩	
		罗楼组		T_2l		170	上段为中—薄层灰岩夹页片状灰岩及蠕状、扁豆状灰岩,底部夹白云质灰岩,下段为页片状灰岩夹薄—中厚层灰岩及页岩。	
二叠系	上统	合山组		P_2h		105~160	上段为薄层灰岩、疤痕灰岩及鲕状灰岩,下段为铝土矿层,炭质页岩夹煤层,燧石结核,花斑状白云质灰岩	
							------ 平行不整合 ------	
	下统	茅口组		P_1m		200~350	厚层—块状白云岩、白云质灰岩	
		栖霞组		P_1q		200~250	灰岩、中、下部夹白云岩或白云质结核	
石炭系	上统			C_3		200~700	灰岩,普通夹似层状,透镜状白云岩,上部还夹硅质条带、燧石结核	
	中统	黄龙组		C_2h		130~150	厚层状—块状灰岩	
		大埔组		C_2d		110~140	白云岩,局部夹灰岩	
	下统	大塘阶		C_1d		190	灰岩,局部含白云质或夹白云岩,中部夹硅质条带灰岩	
		岩关阶		C_1y		220~350	中厚层状灰岩夹薄层泥质条带灰岩,底部夹燧石结核	
泥盆系	上统	融县组		D_3r		990~110	灰岩夹白云质灰岩,及少许假鲕状灰岩	
	中统	东岗岭组		D_2d			灰岩、白云质灰岩夹硅质岩	

图 7-3 广西平果县铅土矿矿区地质柱状图

呈不连续的缓倾斜似层状、透镜状和扁豆状产出。一般为一层矿,个别地段出现二层或三层矿。产状受基底地形控制,倾向多变,灰岩底板(石牙)出露,致使矿体形态变化复杂。

(3)矿体规模

矿体规模相差极为悬殊,全区148个矿体中,储量属中型的($\geqslant$100万t)25个,占矿体总数的16.89%,小型(<100万t)123个,占矿体总数的83.11%,小型矿体数量虽多,但占比重不大,仅22.62%;100万t以上的矿体虽然少却占了矿区储量的77.38%。矿体形态呈不连续的似层状、透镜状、扁豆状产出。

(4)矿体厚度

矿体厚度变化较大,由0.5~10.59m不等(单个工程的见矿厚度为0.5~26.1m),平均厚度以3~7m者居多。单个矿体平均厚度小于3m的占矿体总数的41.89%,占总储量的6.54%;3~7m的占矿体总数的49.32%,占总储量86.14%;大于7m的仅占矿体总数的8.79%,占总储量的7.32%。

(5)含矿率

各矿体原矿的平均含矿率相差较大,最高为1.581t/m³,最低为0.247t/m³,全区平均含矿率为0.909t/m³。其中含矿率大于0.7t/m³的矿体数占总矿体个数的62.25%,累计储量占总储量的96.15%。一般来说正地形的小丘或坡地含矿率高,负地形的洼地含矿率低。含矿率的高低,与背斜轴部距离远近成正比。主矿体含矿率变化较稳定,次矿体含矿率变化较大。

(6)铝硅比

矿体中矿石铝硅比变化很大,最高为33.29,最低为3.93,全区148个矿体中,铝硅比大于20的储量为814.8万t,占总储量的9.96%;铝硅比10~20的储量为4 197.3万t,占总储量的51.27%;铝硅比3.8~10的储量为3 173.4万t,占总储量的38.77%。全区铝硅比分布特点是中部高,西北部低,南东部更低。位于矿区中部的那塘矿段最高,平均铝硅比达16.85%。

(7)矿体产状

148个矿体表土层平均厚度为0.797m,其中39个裸露,占26.50%,表土$\leqslant$0.4m的44个,占29.93%,表土0.4~1m和$\leqslant$1m的各32个,各占21.77%。矿体形态呈不连续的似层状、透镜状、扁豆状产出,一般为单层矿,倾向多变,倾角一般$\leqslant$10°,42个坡积型矿体倾角为8°~20°之间。

3. 矿石特征

堆积型铝土矿床的原矿由大于1mm的胶结物组成。

(1)化学成分

矿石化学成分及含量:Al_2O_3为60.45%,Fe_2O_3为17.0%,SiO_2为25.25%。其中铁含量中部低,两头高。铝硅比值20~30以上的富矿带处于中带上,即分布在铁含量的低带。Al_2O_3、SiO_2、Fe_2O_3含量的总和一般为80%~83%,铝硅比铝铁比并呈明显的负相关关系,相关系数分别为:0.92和0.81。矿石的铝硅比值和矿石的块度有密切关系,块度越大,含Al_2O_3越高,铝硅比也越高。

(2)矿物成分

铝矿物以一水硬铝石为主(占95%),其次是三水铝石(占3%),高岭土(2%),还有微量的刚玉、拜铝石等。含硅矿物主要为高岭石,含铁矿物主要为针铁矿,次为赤铁矿、水针铁矿、褐铁矿、纤铁矿等。另含有部分难以回收的稀土、稀散元素。胶结物为粒度小于1mm的粉矿和细泥。

(3)矿石结构构造

铝土矿构造有致密块状、鲕状、豆状、多孔状、角砾状、似层状、假鲕状、致密鲕状等。矿石结构以他形粒状为主,次有半自形—自形,隐形-胶体状凝聚交代结构。

(4)矿石类型

矿石类型为低硅中铝高铁型,即高铝硅比、高铁型。优质铝土矿矿石占 31.8%、含铁铝土矿矿石占 24.9%,铁质铝土矿矿石 17.9%,含高岭土铝土矿矿石占 3.5%,褐铁矿矿石 7.4%,含一水硬铝石褐铁矿矿石占 5.4%,含高岭石褐铁矿矿石占 2.6%、高岭石粘土岩占 1.6%、铁铝质粘土岩占 4.7%。

(三)成矿作用分析

资料表明,三水铝矿与沉积型黄铁矿—水硬铝石铝土矿有着继承关系,本区二叠系茅口灰岩普遍有沉积型铝土矿产出,燕山运动后平果地区则上升为陆地,并使广泛分布的碳酸盐岩产生挤压冲断构造带,这是喀斯特形成的内动力。因此,一水型堆积矿的形成及三水铝矿的产出,实质上是喀斯特的发育史,喀斯特景观主要形成于新生代。白垩纪末,第三纪初,二叠系沉积型铝土矿便暴露地表,此时不仅形成了一水型堆积铝土矿,也为三水铝矿的产生创造了条件;在第二喀斯特化时期,大约在第三纪中晚期,形成了中山峰林和低山洼地喀斯特景区,一水型堆积铝土矿就大量分布于这种地貌中。

由此可见,随着喀斯特地形的发育,沉积型黄铁矿—水硬铝石铝土矿不断暴露地表,黄铁矿和其他硫化物遭受剥蚀风化,并随着铁和硫的氧化而产生硫酸溶液。其反应式为:

$$4FeS_2 + 15O_2 + 10H_2O \longrightarrow 4FeO(OH) + 8H_2SO_4$$

硫酸形成后,水溶液的 pH 值显著降至 4.0 以下,这种强酸性介质,且在湿热气候条件下不受溶蚀的矿物是不多的。二叠系含黄铁矿铝土矿遭受氧化后所产生的硫酸溶液,它能溶解原生铝土矿及其围岩的粘土岩。粘土矿物(主要含高岭石)比一水硬铝石易溶解,此时,不仅使原生铝土矿中的黄铁矿遭受风化,把铝土矿中的有害杂质(黄铁矿)去掉,而且也溶解了高岭石,提高了矿石质量(铝硅比相对提高了)。随着强酸溶液对原岩(矿)的溶蚀过程,这种酸性水溶液也被水冲淡而稀释,当降至弱酸性环绕时就会有三水铝石的沉淀析出,此时铁质物大都结晶形成针铁矿。因此宏观或微观都可见到三水铝石沿着针铁矿边缘生长,有的沿着针铁矿的黄铁矿假晶边部生长形成镶边构造,这也表明,三水铝石形成于弱酸性环境,在强酸性条件下它是不稳定的。因此,硫化物过多,在滞水环境下是不利成矿的。这种由硫酸成矿作用而形成的三水铝石,通常把它看作是由铝真溶液结晶而成的产物。其晶粒粗大,结晶程度好,透明如镜,不含杂质,可称为"无铁元素的三水铝石"。这与由红土化作用,三水铝石由高岭石脱硅或由长石(辉石)直接转变而成的产物,在物化性质方面有某些明显区别。

四、甘肃白银厂铜矿床

地质资料见前面火山-次火山矿床

有次生富集带发育,其分布如下:

(1)氧化亚带(铁帽):10~15m。

(2)淋滤亚带:1~3m。

(3)次生硫化物富集带:主要矿物有辉铜矿和铜蓝,其含量高于原生矿体平均含量 1~2 倍。由于矿体呈急倾斜,次生富集带发育受地形及构造影响,在各处厚薄不一。

注:本矿床实习,重点掌握原生矿体次生富集带发育特点以及金属硫化物的表生变化特征,正确理解次生硫化物的表生富集作用。

实习单元八　机械沉积矿床

一、实习内容

(一)目的要求

(1)认识机械沉积矿床的一般地质特征(分布、形状、规模、组成以及工业意义与要求)。
(2)了解滨海砂矿和冲积矿体的形成条件。

(二)典型矿床实习资料

(1)山东荣城滨海砂矿。
(2)广西富贺钟砂锡矿床。

(三)实习指导

课前复习《矿床学》"机械沉积矿床"一章,复习以下矿物和岩石的主要鉴定特征:正长岩、混合片麻岩以及正长岩的风化产物。

(四)思考题

(1)现代冲积砂矿和海滨砂矿的富集条件和含矿层的特点是什么?
(2)砂矿床的经济意义如何?
(3)海岸地貌、海水对形成锆英石砂矿有什么影响?
(4)分析桃园剖面沉积韵律的形成原因。

(五)实习作业

分析荣城锆英石砂矿的形成条件及形成原因。

二、山东荣城滨海砂矿

山东荣城滨海砂矿位于山东半岛东端石岛湾至荣城湾沿海一带,大地构造单元属华北地台胶东地质的东南边缘,为金红石-锆英石-钛铁矿砂矿床(图 8-1)。

(一)地层(表 8-1)

①胶东群($Ar\sim Pt_1^1 j_m$)

富阳组($At\sim Pt_1^1 j_m$):黑云母变粒岩、黑云母斜长片麻岩夹斜长角闪岩,分布在本区沿海一

图 8-1 荣城海滨砂矿田基岩分布图

1. 太古界-下元古界富阳组；2. 太古界-下元古界民山组；3. 燕山晚期第二阶段花岗岩；4. 燕山晚期第一阶段花岗岩；5. 燕山晚期第一阶段花岗闪长岩；6. 燕山晚期第一阶段正长岩；7. 海滨砂矿分布区

带。

民山组（$Ar \sim Pt_1^1 j_m$）：变粒岩、大理岩、斜长片麻岩，分布在本区西北侧。

蓬夼组（$Ar \sim Pt_1^1 j_p$）：变粒岩、斜长角闪岩。

胶东群普遍含磁铁石英岩及锆英石、磷灰石等。

岩浆岩：

与矿床有关的岩浆岩是燕山晚期甲子正长岩（$\xi_5^{3(1)}$），伟德山花岗闪长岩（$\gamma\delta_5^{3(1)}$）、槎山花岗岩（$\gamma_5^{3(1)}$）、石岛及龙须岛花岗岩 $\lambda_2^{3(2)}$（表8-2）。

作为含矿母岩的甲子山岩体长 20km，宽 7km，呈岩株状。岩石主要矿物成分有钾微斜长石、角闪石；副矿物有锆英石、钛铁矿、磷灰石、磁铁矿等。似斑状结构，块状构造，其围岩主要是胶东群富阳组。

表 8-1 荣城滨海砂矿地层表

胶东地区	本城矿区	代号
第四系	全新统	Q_4
	上更新统	Q_3
下白垩统青山组	青山组	$K_1 q$
蓬莱运动		
上元古界蓬莱群		$Pt_3 p$
胶东运动		
下元古界粉子山群 12.89亿年		$Pt_1^1 f$
上太古界-下元古界胶东群 17.75亿年	富阳组	$Ar-Pt_1^1 j_f$
	民山组	$Ar-Pt_1^1 j_m$
	蓬夼组	$Ar-Pt_1^1 j_p$

表8-2 荣城滨海砂矿岩浆岩化学成分表

编号	岩体名称	样品数	氧化物含量(%)								δ
			SiO_2	Al_2O_3	Fe_2O_3	FeO	MnO	MgO	CaO	Na_2O	K_2O	
1	龙须岛花岗岩体	1	72.04	14.78	0.96	0.65	0.07	0.16	1.07	4.03	5.93	3.41
2	槎山花岗岩体	2	73.66	13.25	0.80	1.29	0	0.12	1.23	3.78	5.46	2.78
3	伟德山花岗岩体	3	69.46	14.07	0.80	2.95	0.07	1.41	2.30	3.78	4.43	2.55
4	甲子山正长岩体	1	59.90	19.47	0.64	3.31	0.07	1.69	3.25	4.52	6.78	7.56

注:$\delta = \dfrac{(K_2O + Na_2O)^2}{SiO_2 - 43}$

(二)地貌特征

高岸(岸后)地貌:正长岩体较其东西两侧的片麻岩抗风化性强,至甲子山呈 NE-SW 向山岭突兀于本区,最高峰二橙顶海拔249m,相对高差约230m,山两侧成山前盆地及沟谷。甲子山为分水岭,其东南及西北两侧水系发育,流入海(图8-1)。

海岸地貌:区内风化及海蚀作用强烈,形成了石岛湾、桑沟湾、镆铘岛等三大海岸地貌。本区海湾众多,悬岸发育,为砂矿形成提供了优良条件。

水下地貌:近岸为水下斜坡,平缓,向海微倾斜。

(三)矿床特征

矿床主要分布在甲子山正长岩体周围滨岸带。具体赋矿部位有:沙嘴根部、泻湖边部、河流入海口、水下沙坝、沙流向岸带。总体看富矿位于潮线附近(潮间带),大致与海岸平行。

荣城砂矿划分为5个矿区(段):桃园矿区,港头矿区、褚岛矿区、崮山前矿区、潭村林家矿区。

一般有三层矿,桃园矿区较为典型:

矿床剖面自下而上有明显的沉积韵律:

中细粒砂层　　　　　一矿层
粗砂层
粉细砂及淤泥层
中细粒砂层　　　　　二矿层
粗砂层
粉砂及淤泥层
中细粒砂层
粗砂层　　　　　　　三矿层
古风化壳
原岩:正长岩及片麻岩

矿层出现在粗砂向粉砂细砂的转变部位,即主要赋存于中—细砂中,细砂为主。

矿体呈层状、透镜状、一般几米厚，向海微倾斜，倾角很小。毛矿中以砂为主，杂少量细砾及贝屑。重砂矿物有锆英石、金红石、独居石、磁铁矿、锐钛铁矿、赤铁矿，还有榍石、磷灰石、尖晶石、蓝晶石、矽线石、电气石、石榴石、黑云母、石英、正长石、斜长石、角闪石、绿帘石等。

矿床分布面积大。品位一般 $2kg/m^3$，最高达 $5kg/m^3$。工业上综合利用 Zr、Ti、Fe 等，它们分别取自锆英石 $ZrSiO_4$，金红石 TiO_2，磁铁矿 Fe_3O_4。

三、富贺钟砂锡矿床

广西东北部的富川、贺县和钟山地区，盛产砂锡矿，其中贺县的八步等产地最为著名。矿区地质概况：

(一) 地层

前泥盆纪轻微变质龙山系砂页岩。
泥盆系：砂岩、页况岩、灰岩，分布广。
石炭系：厚层灰岩，燧石灰岩。
三叠系—侏罗系：西湾煤系、含长石砂岩（湖相沉积）。
第三系上新统：红土、砾石层（老砂锡矿层）。
第四系：红土、砂砾、冲积层（近代砂锡矿层）。
新生界与中生界，中生界与石炭—泥盆系与龙山系之间，均为不整合关系。

(三) 构造

为一近南北的向斜层。以前泥盆变质岩为基底，由中上古生界构成褶皱的主要部分，局部可见走向断层。

(三) 岩浆岩

本区中部萌诸岭等地有黑云母花岗岩，且被花岗伟晶岩及长英岩脉穿插。这些岩体（脉）侵入时代大致为燕山期。

(四) 锡矿

1. 原生锡矿

有伟晶岩型、矽卡岩型、云英岩型及硫化物锡石型。

2. 砂锡矿

主要产在山坡凹地、山间盆地、河谷阶地第四纪沉积物及现代冲积物中，按其产状可分为以下 5 种类型：

1) 近代冲积层中砂锡：分布在现代河谷。一般位于河谷平原面下 10~20m，冲积层总厚 10~40m，自上而下可分为：最新沉积；红紫色粘土、砂砾。厚 5~6m，微含砂锡或不含。
富含腐植质黑色或暗灰色泥土，厚数米，不含砂锡。
黄色粗砂及砾石：于灰岩喀斯特面上，厚 1~5m，主要含砂锡层（图 8-2，图 8-3）。
2) 古阶地上的老冲积层砂锡：高出现在河面 20~30m，由红土及砾石构成，厚 30~50m。

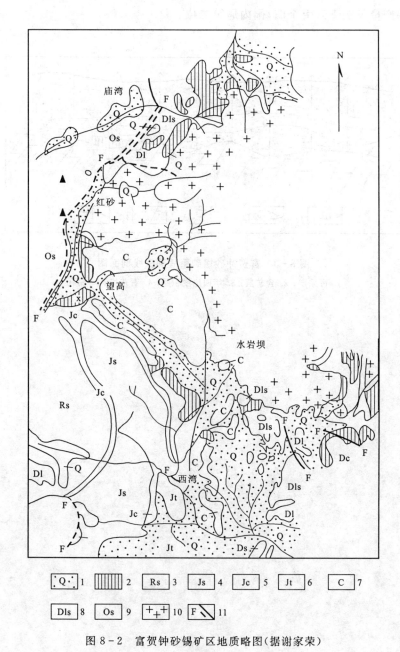

图 8-2 富贺钟砂锡矿区地质略图（据谢家荣）

1.冲积层（近代砂矿）；2.红土及砾石层（古代砂矿）；3.红色页岩和砂岩；4.长石砂岩和页岩；5.煤系；6.紫色页岩和砾岩；7.石炭系页岩及石灰岩；8.泥盆系石灰岩；9.泥盆系砂岩及页岩；10.花岗岩；11.断层

3）古冲积扇砂锡：从近代冲积层或古阶地上延至100~200m高坡。

4）盆地砂锡：主要产在石灰岩区喀斯特山间盆地中，高出现代河面50~200m。

5）洞穴及裂隙砂锡：主要产在石灰岩的洞穴及裂隙内，长达1~2km，高出现代河面50~200m。形状不规则，含锡量不稳定，有时很高。

现在以采近代砂锡为主，含锡量10~1 000g/m³。其次为古阶地砂锡，含锡量平均150~200g/m³。

八步砂锡产量仅次于云南个旧,国内居第二位。

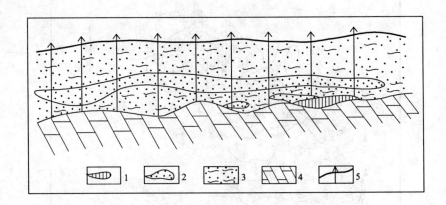

图 8-3 富贺冲砂锡矿第Ⅶ勘探线剖面图
1. 可采层；2. 含矿层；3. 第四纪淤积层；4. 石灰岩；5. 钻孔

实习单元九　蒸发沉积矿床

一、实习内容

(一)目的要求

(1)了解盐类矿床的特征及含盐岩系的特点。
(2)认识盐类矿床的形成机理。

(二)典型矿床实习资料

(1)山西临汾石膏矿床。
(2)湖北应城膏盐矿床。
(3)青海察尔汗盐湖钾盐矿床。

(三)实习指导

盐类矿床的许多特点与盐矿物所具有的特殊性质有关,所以要熟悉一些常见盐类矿物的物理性质和化学性质。

含盐系具有明显的沉积韵律,要注意观察含盐系的旋律结构。

岩相古地理是沉积矿床形成的重要控制因素。含盐岩系有海相、陆相之分,可通过对比,认识它们各自的特征。

(四)思考题

(1)盐类矿柱的成矿控制条件有哪些?与内生矿床的控矿条件有何异同?
(2)海相含盐岩生活经验与陆相含盐岩系各有什么特点?
(3)盐类矿床一般必须具备哪些形成条件和保存条件?形成层状钾盐矿床需具备哪些条件?
(4)含盐岩系(建造)有几种类型?各具何种特征?形成于何种环境?
(5)萨布哈含膏岩系形成于何种沉积环境?有何识别特征?
(6)阐述察尔汗钾盐矿床形成的地质条件。
(7)分析达布逊湖现代光卤石沉积的机理。

(五)实习作业

(1)对比山西中奥陶统含石膏地层与湖北应城第三系石膏—岩盐地层的特点,并分析它们的沉积环境。

(2)试分析达布逊湖现代光卤石沉积的机理。

二、山西临汾石膏矿床

位于山西省临汾县及襄汾县境内,地处华北地台吕梁山隆起区的东南边缘与临汾盆地西缘相接部位(图9-1)。

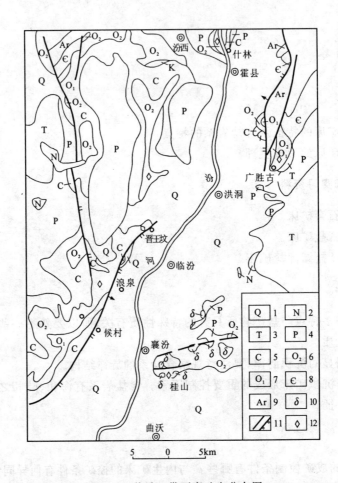

图9-1 临汾一带石膏矿点分布图
1. 第四系；2. 第三系；3. 三叠系；4. 二叠系；5. 石炭系；6. 中奥陶统；
7. 下奥陶统；8. 寒武系；9. 太古界；10. 闪长岩；11. 断层；12. 石膏矿点

(一)矿区地层

矿区地层从老到新如下(如图9-2)：

(1)下奥陶统：整合于上寒武统之上。

1)冶里组(O_1y)：灰绿色中厚层—厚层粉晶白云岩、白云质灰岩夹竹叶状白云质灰岩。竹叶状扁砾具褐红色氧化圈,或被褐红色钙质胶结物胶结。有的地方可见夹有柱状叠层石白云岩。属潮间—潮上沉积,厚60m。

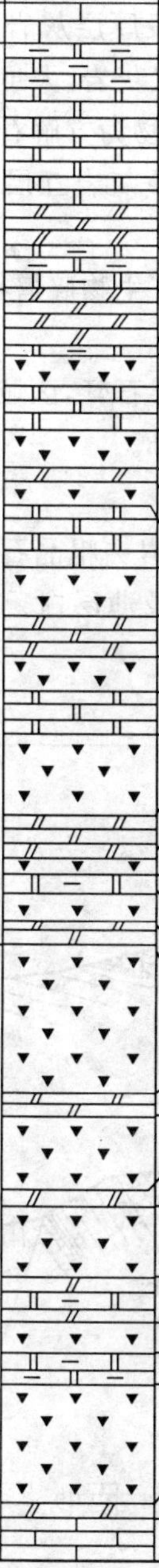

组段	岩性段	柱状图	厚度(m)	岩　　性
$O_2^{2-2}m$				云斑状灰岩
上马家沟组下段 $O_2^{2-1}m$	无矿带		1.30	微晶含泥白云岩，灰褐色，薄层状
			1.60	微晶白云岩、褐灰色、厚层状，上部具纹层
			1.20	微晶白云岩，浅灰色，充填有次生石膏脉
			1.00	微晶白云岩、灰色、中层状
			1.20	云泥岩浅黄色、薄层状
			1.30	微晶泥云岩、土黄色、薄层、底部有鲕
	上矿带		1.80	云泥岩、灰绿色
			0.30	泥云岩、褐灰色、微层、薄层状
			1.00	石膏、灰白色、细粒、具厘米纹层、局部有迭层石结构
			1.40	白云岩、褐灰色、微晶，顶部具鸟眼构造
			1.10	石膏、灰白色，具厘米纹层
			0.40	云泥岩夹纹层石膏，顶10厘米为鲕状泥云岩
			0.70	鸡笼铁丝状石膏，灰白色、细粒，夹薄层泥云岩
			1.90	白云岩、褐灰色，内夹泥质石膏薄层
			1.60	石膏，白色细晶块状，夹泥云岩角砾，有鲕粒
			1.25	云泥岩夹绿色页状薄层夹板状泥云岩薄层
			1.10	泥石膏与泥云岩互层，成薄板状层理
			1.30	白云岩、褐灰色，微晶薄层，具鸟眼构造
			2.60	石膏，灰白色细粒，内夹白云岩角砾和泥云岩薄层，泥云岩具鸟眼构造，顶底板具毫米纹层
			1.20	泥云岩灰绿色有泥云岩角砾和瘤状石膏
			0.60	石膏，灰白色，内夹泥云岩角砾，有时底部具竹叶状
			0.55	泥云岩，褐灰色，薄层状，有时具鲕粒状构造
			0.80	石膏、灰白色，内夹少量泥云岩角砾
			0.70	云泥岩，灰绿色，微晶，内夹石膏瘤团
			4.70	鸡笼铁丝状石膏，灰白色、中粒块状，内夹少量泥云岩角砾，底部具毫米级纹层，有时有迭层石
			0.70	云泥岩，黄绿色，中夹白云岩及粘土质石膏薄层
			2.20	鸡笼铁丝状石膏中夹白云岩角砾
			0.50	云泥岩，灰绿色，中夹白云岩石膏薄层
			2.30	鸡笼铁丝状石膏，顶底具毫米纹层（迭层石），内有白云岩角砾，中夹云泥岩薄层
			1.35	云泥岩与白云岩互层，黄绿色，夹鸡笼铁丝状石膏，食盐假晶
			1.00	鸡笼铁丝状石膏，底部具石膏化球状迭层石
			1.00	泥云岩，灰绿色，中夹石膏薄层
			3.70	角砾状石膏，褐灰色，中夹较多白色纤维状石膏脉，角砾由云泥岩和粘土质石膏组成，棱角完好，砾径1.10厘米不等，底部和顶部质量较好
			0.40	云泥岩，灰白色，泥晶，顶部呈棕色
O_1^2y				石灰岩，深灰色，粉晶，含云斑

图 9-2　上马家沟组下段含膏层柱状图

2）亮家山组（O_1l）：浅灰色厚层-巨厚层细晶-中晶白云岩。含燧石结核、燧石条带及燧石团块，底部层面上有泥裂。在上部巨厚层中晶白云岩中含大量叠层石，多为粒状并组成藻礁粒。在候村见有核形石。不规则燧石团块多是硅质交代叠层石及核形石的结果，基本属潮间及潮下高能带沉积，厚55～67m。

(2)中奥陶统:自下而上分为

1)马家沟组(O_2x):下段底部有一层白云质含砾砂岩,局部为砾岩,向上过渡为含砂白云岩、泥质白云岩及白云质泥岩。中部主要是黄绿色、灰黄色薄层泥质白云岩、白云质泥岩,为含膏层位。在候村、晋王坟一带有较厚的石膏层,厚约 85m。上段厚层灰岩夹薄层白云质泥岩、泥质白云岩及石膏层。本段下部厚层灰岩在浪泉一带为角砾状灰岩,大角砾长达 16m,小的仅数厘米,多为棱角状,接触式胶结,薄的岩块常呈弯曲状。胶结物为方解石和细岩屑,呈大凸镜状。厚层灰岩之上为灰色、灰黄色薄层泥质白云岩、白云质泥质灰岩互层,局部夹含白云质泥岩条带的石膏凸镜状。

上段中部为厚层灰岩、白云质灰岩及粉晶白云岩,底部夹有生物碎屑状灰岩及由虫迹形成的云斑状灰岩。

上段上部为薄层白云岩及厚层灰岩。薄层白云岩夹有薄层石膏,区域内可构成工业矿体。厚层灰岩以泥晶-粉晶灰岩、白云质灰岩为主,本段厚 90~134m。

2)上马家沟组(O_2^2m):可分为 3 个岩性段。

下段($O_2^{2-1}m$):重要含膏层。底部为暗灰色薄层白云质泥岩夹粗晶石膏薄层,白云质泥岩层面上常有石盐假晶,再上为厚层岩膏夹白云质泥岩、白云岩及薄层白云质泥岩,厚 50~97m(图 9-3)。

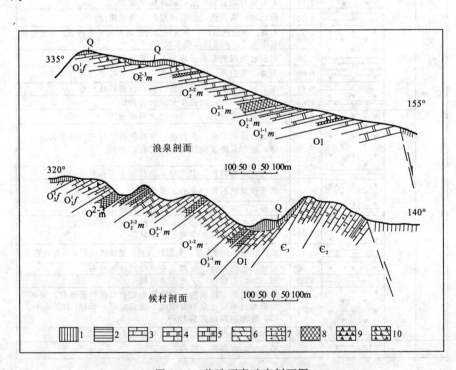

图 9-3 临汾石膏矿床剖面图
1. 黄土;2. 页岩;3. 石灰岩;4. 白云质灰岩;5. 白云岩;6. 泥灰岩;
7. 鲕状灰岩;8. 石膏岩;9. 角砾岩;10. 角砾状泥灰岩

中段($O_2^{2-2}m$):褐灰色厚层泥晶云斑灰岩、薄层—中厚层粉晶白云岩、灰质白云岩(纹理发育)、中厚层云斑灰岩夹薄层粉晶白云岩。云斑为白云质交代虫迹而水平虫孔发育,含三叶虫、小叶贝、珠角石、蛇卷螺化石。白云岩有虫孔和鸟眼构造,属浅海及潮滩沉积。

上段($O_2^{2-3}m$):重要含膏层。主要是由薄—中厚层泥晶、粉晶灰岩、白云岩、石膏组成的 3~4 个韵律层。每一韵律层下部皆有垂直虫孔,角石化石等。白云岩中有叠层及鸟眼构造。石膏主要为条带状石膏,亦有块状石膏、鸡笼铁丝状石膏。本段上部白云岩与灰岩互层,到顶部过渡为厚层泥晶灰岩,含生物碎屑。本段厚 100~128m。

3)峰峰组(O_2f):整合于马家沟组之上,分成 2 个岩性段。

下段(O_2^1f):中、下部薄—中厚层粉晶白云岩夹黄色薄层白云质泥岩。白云岩中有大量迭层石或具有球粒构造,球粒直径 2~7mm,灰质成分。有薄层石膏产出,属潮间及潮上沉积,本段厚 57~80m。

上段(O_2^2f):深灰至灰黑色厚层泥晶灰岩,质纯,仅中上部有少量云斑。由于古风化壳剥蚀,残余厚度仅 10~30m。

中上石炭统和下二叠统为含煤碎屑沉积建造,与中奥陶统为平行不整合接触,局部产山西式铁矿。

第四系:(略)

(二)矿区构造

构造线方向大致呈 NE 向。浪泉矿区以单斜构造为主,断裂比较发育。新构造运动较强烈,临汾盆地不断下降,盆地两侧隆起区不断上升。基岩出露较好,可见石膏层露头。

矿区附近无岩浆岩出露。

(三)矿石类型

1)原生沉积型石膏:由灰色巨晶石膏构成石膏薄层,厚 1cm 左右,与含膏薄层白云质泥岩(厚 1cm 左右)互层。

2)致密块状石膏:灰白色晶粒状或灰色鳞片状,镜下见石膏交代碳酸盐晶屑,并保留有碳酸盐和叠层石残余。

3)条带状石膏:由浅灰白色和暗色石膏相间,前者是较纯的石膏,后者含有较多白云石晶粒。与条带状石膏化白云岩或叠层石膏存在过渡关系,并可见微薄层白云岩残余。

4)鸡笼铁丝状石膏:常围绕致密块状石膏分布,二者呈过渡关系。白色晶粒状雪花石膏为网目,暗灰色含白云石石膏为网格。

5)叠层石状石膏:有波状纹层型、半球纹层型、圆豆状纹层型、弹状纹层型等,白色石膏与暗色石膏相间组成纹层。

6)竹叶状石膏:无色半透明或灰白色细粒石膏薄片状扁砾被带褐灰色的泥质、白云质胶结而成。石膏砾可见红褐色晕圈、纹层构造、弯曲等现象。大者长 20cm、厚 3cm,一般长 10cm、厚 1cm。镜下见石膏交代白云质灰岩竹叶状砾石的现象。

7)鲕状石膏:鲕粒径 0.5mm 左右,鲕粒间胶结物已石膏化。鲕粒被石膏交代程度不一,全部或部分石膏化,仍保留有白云质鲕粒。

矿石中矿物成分主要为石膏,其次为硬石膏。另外有白云石、方解石、粘土、黄铁矿、芒硝、天青石等。地表采样分析含 $CaSO_4 \cdot 2H_2O$ 为 70%~90%,$CaSO_4$ 为 0%~3%,主要杂质为 $CaMg(CO_3)_2$。

沿层理岩石或裂隙有乳白色石膏纤维状呈脉状产出,钻孔揭示,深部主要是硬石膏。

三、湖北应城膏盐矿床

位于湖北省应城县,石膏开采历史悠久,闻名中外。先期发现石膏、后发现岩盐(图9-4)。

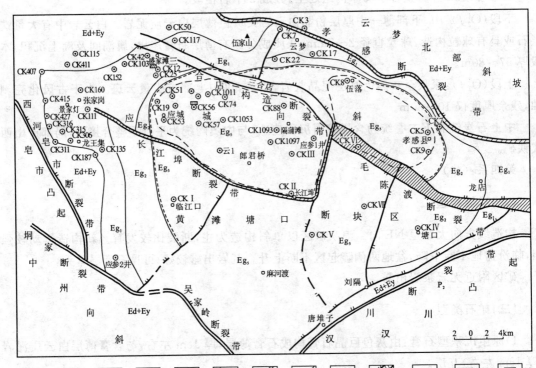

图9-4 云应凹陷膏盐矿基岩地质略图

1.上膏段；2.下含钙芒硝石膏段；3.下含膏段；4.两组未分；5.古生界(未分)；6.岩盐分布区；
7.地层超覆假整合界线；8.地质界线；9.推测正断层；10.地震复杂带；11.钻孔；12.应城盐矿；13.应城膏矿

地层：主要为第三系始新统。出露零星,多被第四系覆盖。自下而上沉积序列表现为：粗粒碎屑沉积→细粒碎屑沉积(Eb)→硫酸盐+碎屑沉积(Eg4+5)→碳酸盐类沉积+碎屑沉积(图9-5)。

(一)构造

本区位于淮阳地质西南缘,洞庭江汉构造盆地北部。第三系与老地层(寒武—奥陶系)呈不整合接触。第三系构成向斜盆地,其边缘有轻微波状褶皱。地层倾角：盆地中央2°~4°,边缘10°~25°。

(二)含矿层

产于第三系灰色粘土岩及粉砂质粘土岩中。下部为石膏层,上部是含盐层(见剖面图)。平面上石膏层分布在盆地边缘,盐层在中央,构成石膏带→含钙芒硝硬石膏带→岩盐带。含岩盐段由盆地边缘向中心厚度增大,盐层数增多,盐层变厚。

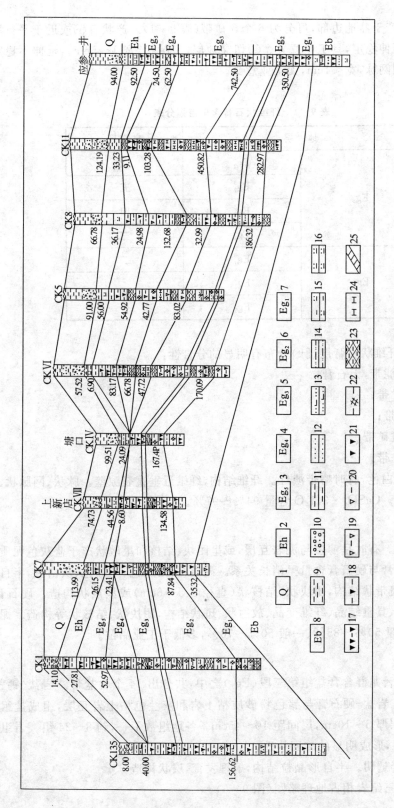

图9-5 云庆群地层柱状对比示意图

1.第四系；2.文峰塔组；3.上含段；4.上含芒硝石膏段；5.含钙芒硝岩段；6.下含钙芒硝岩盐段；7.下含石膏段；8.白砂口组；9.粘土；10.砂砾层；11.泥岩；12.砂岩；13.含钙质细砂岩；14.泥质细砂岩；15.含粉砂质泥岩；16.粉砂质泥岩；17.泥质硬石膏岩；18.泥质钙芒硝岩；19.泥质芒硝岩；20.含钙芒硝岩；21.石膏岩；22.含硬石膏泥岩；23.泥质硬石膏岩；24.岩盐；25.对比标志层

1. 石膏层

纤维状石膏：多产于盆地边部，可分为6个含矿带（表9-1）。产状有①或近于平行层理、呈薄层状、似层状，延伸稳定，具工业意义。②切穿地层，呈脉状，宽1～5cm。延伸不稳定，无工业意义。③不规则网脉，宽<1cm，无工业意义。

表9-1　纤维状石膏含矿带划分表

地　层		矿带号
Eg_2	Eg_2^4	六
	Eg_2^3	五
	Eg_2^2	四
	Eg_2^1	三
Eg_1	Eg_1^3	二
	Eg_1^2	
	Eg_1^1	一

在含矿岩系中，纤维状石膏层（脉）分布有明显的分带性：

0～20m：风化淋滤带，无石膏；
20～60m：上贫矿带；
60～300m：富矿带；
300～500m：下贫矿带；
350～400m：无矿带。

纤维状石膏呈乳白色，有时略带淡红。纤维结构，纤维近垂直裂隙壁。脉状、网脉状、放射状、薄层状、层状构造。$CaSO_4·2H_2O$含量94%～97%。

2. 泥膏及硬石膏

产于兰色泥岩中。有时呈薄层与泥岩互层，或呈团块、结核和星散状产于蓝灰色泥质粉砂岩及砂质泥岩中。泥膏与硬石膏含量呈消长关系。泥质石膏：灰色、灰绿色、灰白色，半自形变晶、交代残余、斑状、斑带状结构，团块状、结核状（直径0.5～6cm）或星点状构造。硬石膏：灰色、灰绿色、致密坚硬、具重结晶、纤维变晶、放射状、斑状结构，团块状、结核状等构造。泥质石膏$CaSO_4·2H_2O$含量50%～85%、一般50%～70%，多低于工业品位。

3. 岩盐矿床

赋存在下第三纪云龙群含膏盐组第三段（Eg_3）之中，共分出14个含盐带。岩盐-钙芒硝-硬石膏、钙芒硝-岩盐、岩盐-硬石膏与赭色粉砂质粘土岩和灰兰色粘土岩互层，组成盐组。每个盐组厚1～9m，单层厚5～10cm，层间距10～45cm。各地组数不一，约8～24组。岩组间距2～5m，为赭色岩所隔，形成明显的旋回构造。

岩盐呈灰白色，半透明。半自形晶粒结构，解理发育，层状构造。

附云应凹陷下第三纪岩相古地理略图（图9-6）。

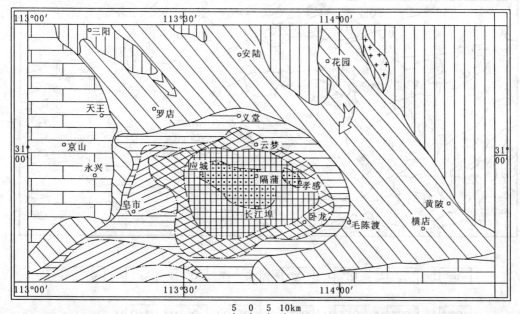

图 9-6 云应凹陷下第三纪岩相古地理略图

1. 湖盆边界；2. 变质岩剥蚀区；3. 花岗岩剥蚀区；4. 古生代海相地层剥蚀区；5. 中生代陆相地层剥蚀区；
6. 相区界线；7. 滨-浅湖碎屑岩相区；8. 半咸湖碎屑岩相区；9. 盐湖硬石膏岩相区；
10. 盐湖钙芒硝岩相区；11. 盐湖岩盐岩相区；12. 主要物质来源方向

四、青海察尔汗盐湖钾盐矿床

目前柴达木盆地汇水面积约 17 万 km^2，有淡水湖、半咸水湖和咸水湖 31 个，正在进行化学沉积的地方有 80 余处。包括大型钾镁盐矿床 1 个，大型食盐矿床 9 个，大型硼矿 2 个，大型锂矿床 3 个（图 9-7、图 9-8）。察尔汗盐湖是柴达木盆地中最大的，湖面积 5 856 km^2。现在大部分已成为干盐滩，仅在边缘部分残留着几个卤水湖，达布逊湖是其中最大的一个（图 9-9、图 9-10）。湖盆地一般由 3 个盐组组成：

1）下部含盐组：属上新统下部的湖积石膏细砂、粉砂、粘土及较致密块状石盐，盐层最厚 30m。

2）中部含盐组：属上新统上部洪积亚粘土、亚砂土、含粒状石膏粘土和石盐，石盐厚 4～11m。

3）上部含盐组：属全新统。下部：粘土、亚粘土；上部：松散盐盖。以石盐为主，还有石膏、光卤石、杂卤石、钾石盐、软钾镁矾、水氢镁石和泻利盐。最大厚度 30m。

（一）固体钾镁盐矿床

有 $K_1 \sim K_7$ 7 个含矿层。$K_1 \sim K_3$ 属更新统，$K_4 \sim K_7$ 属全新统，K_7 具工业意义。

固体钾盐层主要产在干盐滩的石盐层上部。石盐层一般厚 20～40m，底部石膏不发育，石

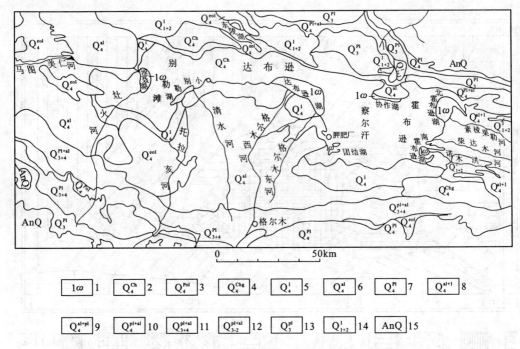

图 9-7 察尔汗盐湖钾盐矿床区域地质图

1. 现代湖水；2. 灰白色石盐（全新统）；3. 粉细砂（风积）；4. 石膏、石盐、芒硝；5. 粘土、亚粘土、亚砂土、粉砂、粉细砂（湖积）；6. 亚砂土、粉砂、细砂（冲积）；7. 砂砾石（洪积）；8. 细粉砂、亚砂土、亚粘土、粘土、淤泥（冲积、湖积）；9. 砂砾石、粉砂（冲积、潮积）；10. 砾石、粗砂、粉细砂（洪积、冲积）；11. 粉砂、细砂、亚砂土（洪积、冲积）；12. 砂砾、角砾（洪积）；13. 砂砾、卵石（洪积）；14. 灰绿、黄绿色砂质泥岩、粉砂岩（湖积）；15. 前第四系沉积岩、变质岩、各期岩浆岩

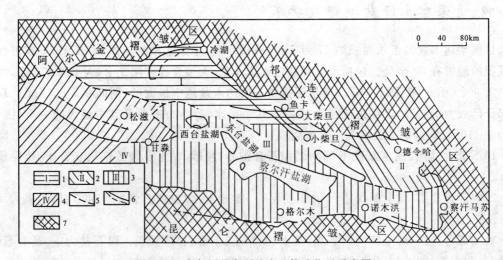

图 9-8 察尔汗盐湖所处大地构造位置示意图

1. 北部隆起区；2. 德令哈坳陷；3. 达布逊坳陷；4. 茫崖坳陷；5. 构造单元界线；6. 断裂及推测；7. 褶皱区

盐中有 3 个泥砂层，把石盐分成 4 组。钾镁盐位于最上层石盐中，矿石主要为光卤石-石盐组合，有时有钾石盐和石膏。

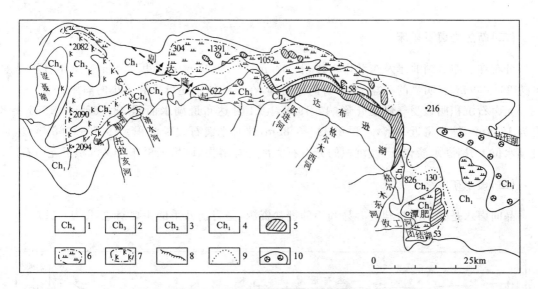

图 9-9 察尔汗盐湖钾盐矿床地质图

1. 新盐(石盐、光卤石);2. 含光卤石石盐;3. 灰白色石盐;4. 含粉砂石盐;5. 层状光卤石钾矿层及编号;
6. 上部浸染状光卤石分布区;7. 浸染状软钾镁矾分布区;8. 盐岸阶地;9. 伸入盐层最上部湖积层边界线;10. 盐溶

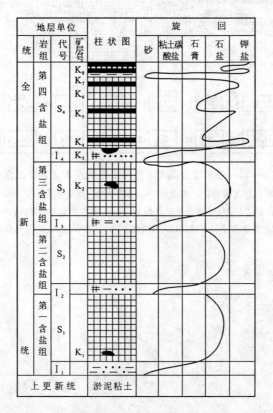

图 9-10 全新世察尔汗盐湖含盐岩系沉积柱状图

① 下部含盐组:属上新统下部的湖积石膏细砂、粉砂、粘土及较致密块状石盐,盐层最厚 30m。
② 中部含盐组:属上新统上部洪积亚粘土、亚砂土、含粒状石膏粘土和石盐。石盐厚 4~11m。
③ 上部含盐组:属全新统。下部:粘土、亚粘土;上部:松散盐盖。以石盐为主,还有石膏、光卤石、杂卤石、钾石盐、软钾镁矾、水氢镁石和泻利盐。最大厚度 30m。

(二)新生光卤石矿床

分布在达布逊湖北岸及东北岸水边,长 32km,宽 1~2km,总面积 55km²。每年沉积厚度可达 20~30cm,有明显的石盐-光卤石韵律结构,在年韵律中还可见到更小的韵律。

光卤石沉积明显受气候变化影响。1958 年 11 月达布逊湖水面积 334.67km²,1966 年 8 月为 184km²,缩小将近一半,水深 0.39~0.85m,此时光卤石大量沉积。1967—1968 年,达布逊湖水位上升,湖水淡化,已经沉积的光卤石大部分被溶失,以后干旱年份又沉积了光卤石。

(三)卤水矿

晶间卤水是察尔汗盐湖更容易利用的钾盐资源,是目前开采的主要对象(图 9-11)。

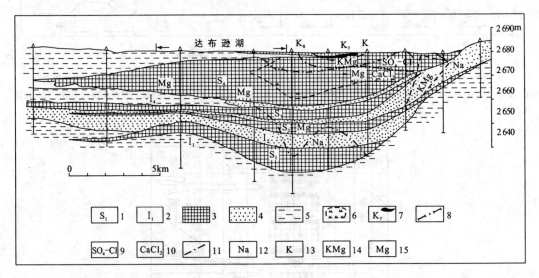

图 9-11 察尔汗盐湖 120 勘探线地质及水文化学剖面图
1. 石盐层及编号;2. 湖积层及编号;3. 石盐层;4. 以粉砂为主的湖积层;5. 以砂质粘土为主的湖积层;
6. 浸染状光卤石及其分布界线;7. 层状光卤石钾矿及编号;8. 水化学类型大类界线;9. 硫酸盐—卤化物过渡型水;
10. 氯化物型水;11. 水化学类型小类界线;12. 石盐水;13. 富钾石盐水;14. 光卤石水;15. 近水氯镁石水

实习单元十　胶体化学沉积矿床

一、实习内容

(一)目的要求

掌握铁、锰、铝沉积矿床的特征及形成条件。

(二)典型矿床实习资料

(1)河北庞家堡铁矿床。
(2)辽宁瓦房子锰矿床。
(3)河南巩县铝土矿矿床。

(三)实习指导

沉积铁、锰、铝矿床被认为是胶体沉积矿床。在观察岩石和矿石标本时,要注意沉积构造,如交错层理、干裂、波痕、藻叠层构造等,这些沉积构造往往反映一定的沉积环境。

沉积的铁、锰、铝矿床可以划分出氧化物、硅酸盐、碳酸盐、硫化物等矿物相带,反映矿物沉淀时不同的物理化学环境。这类矿床的矿石往往具有鲕状、豆状等构造、显示了胶体结构的特征。

沉积铁、锰、铝矿床的分布往往是带区域性的,有一定的层位和沉积岩相特点,分布在古陆周围。要从地质图、岩相古地理图、剖面图上注意观察这些规律性。

(四)思考题

(1)胶体化学沉积矿床为什么常产出在侵蚀间断面之上?
(2)掌握铁、锰、铝沉积矿床的含矿岩系剖面特征,对指导找矿勘探工作有何意义?
(3)形成胶体化学沉积矿床应具备哪些有利条件?矿床有何特征?
(4)海相沉积铁矿床形成于何种沉积环境?含矿岩系有何特征?铁的矿物相有何分带规律?
(5)海相沉积锰矿床形成于何种沉积环境?含矿岩系有何特征?锰的矿物相有何分带规律?
(6)海相沉积铝土矿床形成于何种沉积环境?含矿岩系有何特征?

(五)实习作业(任选一题)

(1)分析河北庞家堡铁矿床的成因。
(2)分析辽宁瓦房子锰矿的沉积环境。
(3)描述河南巩县铝土矿的含矿地层分层、矿体赋存层位及沉积岩相特征。

二、庞家堡铁矿床

位于河北省张家口地区,是"宣龙式"铁矿的典型代表,区域构造位置处在内蒙地轴与密怀隆起之间的燕辽沉降带内(图10-1)。

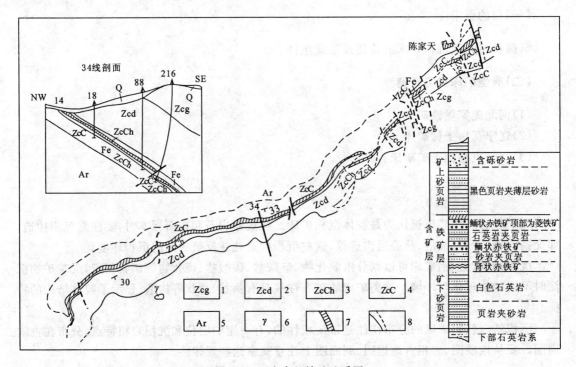

图10-1 庞家堡铁矿地质图
1. 长城系白云岩;2. 长城系石英砂岩;3. 长城系砂页岩;4. 长城系石英岩;
5. 太古界片麻岩;6. 花岗岩;7. 含矿层;8. 实测及推测断层

(一)矿区地层

太古界桑干群:分布在矿区北部,岩性以强混合岩化片麻岩、变粒岩为主。
上元古界(震旦亚界):为本区出露最广的地层,不整合于桑干群之上,自下而上分为:
(1)常州沟组:厚170m,可分为两段
1)一段:砂页岩,底部为薄层含砾粗粒石英砂岩;下部为白色薄层至中厚层石英石状砂岩、含铁细砂岩、薄层砂岩与黑色—灰色粉砂质页岩互层;上部灰白色—灰黑色叶片状粉砂质页岩夹薄层状含铁细砂岩及粉砂岩。

2)二段:石英岩段,底部为薄层含铁细砂岩及粉砂岩,下部为白色—粉红色中厚层中粒石英岩状砂岩,交错层理发育;中部紫红色薄层含铁石英砂岩、长石细砂岩砂岩、泥质粉砂岩及岩及粉砂质页岩;中夹中厚层至薄层石英岩状砂岩。上部灰白—粉白色厚层中粒石英岩状砂岩夹少量细粒长石石英砂岩(通称大白石英岩)。斜交层理及波痕发育,具褐铁矿斑点,局部含砾。

(2)串岭沟组:厚62m,含铁矿层,可分为两段

1)一段:含矿岩段,由矿下砂页岩、含矿层、矿上砂页岩组成,厚27~30m。

2)二段:页岩段为灰绿、浅灰色含钾页岩。顶部夹含叠石的白云岩凸镜体,平均厚25.61m,含氧化钾10.15%。本组上部黑色页岩(全岩)等时年龄为19.22亿年(铝-铀法)。测定黑云母为19.09亿年(钾-氩法)。

(3)团子山组:厚180m,可分为两段

1)一段:底部为含铁石英细砂岩及含粉砂泥质白云岩;下部灰—青灰色中厚层—薄层隐晶白云岩与紫红色薄板状含铁泥质白云岩互层;上部青灰色中厚层隐晶—微晶白云岩、含叠层石白云岩,含砾屑白云岩和似竹叶状砾屑白云岩,叠层石主要为简单平行分叉叠层石及锥叠层石;顶部为紫色含铁泥质白云岩夹灰绿色薄层流纹质玻屑、晶屑凝灰岩(厚0.3m)。

2)二段:燧石条带白云岩段。下部青灰色中厚层含燧石条带微晶白云岩、含燧石条带白云岩夹白—灰绿色薄板状—微薄层白云质粉砂岩及泥质白云岩;上部深灰色厚—中厚层含燧石条带微晶白云岩,夹硅质白云岩及角砾状白云岩;顶部为黑色薄层泥质白云岩及白云质砂岩。此段下部见有石盐假晶及冲刷痕迹、含砾屑白云岩和似竹叶状砾屑白云岩。

上述3组地层统称为长城系,之上覆有震旦亚界南口系之大红峪组和高于庄组。

(4)大红峪组

1)下部:硅质灰岩、厚180~200m。

2)上部:钙质英砂岩,厚200m。

(5)高于庄组

1)下部:燧石白云岩,厚250m。

2)上部:灰白色白云岩,厚400m。

南口系之上为蓟县系雾迷山组白云岩等。

长城系各组地层之间为连续沉积,且其厚度在宣龙坳陷中有显著变化(表10-1)。不同时代,不同地点其含矿规模均有所不同(表10-1、图10-2)。

表10-1 长城系各组地层厚度表 (单位:m)

地层 \ 地点	龙泉寺	烟筒山	庞家堡	黄草梁	辛窑	大岭堡
团山子组	114	174	180	198	225	235
串岭沟组	13	45	62	64	80	91
常洲沟组	24	150	170	174	208	255

表 10-2 宣龙区北部不同地段矿层厚度表

地层 \ 地点	龙泉寺	烟筒山	庞家堡	黄草梁	辛窑	大岭堡
含矿厚度(m)	10	20	22	36	41	44
含矿层厚度(m)	0.6~3.3	5.7	5.5	5.9	5.0	5.6
铁矿层层数	1	3	4	4	3	3
铁矿层总厚度(m)	0~1.5	3.9	3.5	3.5	3.0	3.4

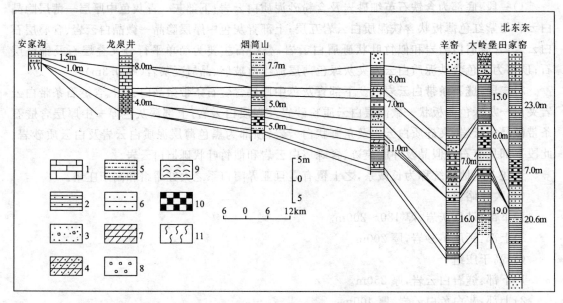

图 10-2 宣龙区北部怀安安家沟至赤城田家窑含矿带对比图
1. 白云岩；2. 页岩夹薄层砂岩；3. 含铁砂岩；4. 菱铁砂岩；5. 长石砂岩；6. 石英岩；7. 菱铁矿；
8. 鲕状赤铁矿；9. 肾状赤铁矿；10. 块状赤铁矿；11. 前震旦纪片麻岩

庞家堡铁矿床赋存在震旦亚界长城系串岭沟组中。含矿岩段由下而上为：

1) 矿下砂页岩：

下部为薄层细砂岩、白云质粉砂岩互层，其上为灰白色厚层中细粒含铁石英砂岩、泥质铁质粉砂岩(通称小白石英岩)，为铁矿层底板。

2) 含矿层：

三层赤铁矿夹两层含铁细砂岩及粉砂质页岩，自下而上为：

肾状赤铁矿(Ⅲ层)	1.0m
细砂岩及粉砂质页岩	1.2m
豆状和鲕状赤铁矿(Ⅱ层)	1.0m
细砂岩及粉砂质页岩	1.20m
鲕状赤铁矿(Ⅰ层)	1.65m

菱铁矿   0.35m

砂岩夹层中泥裂、波痕、冲沟模、波状层理很发育。

3)矿上砂页岩：

底部为含碳粉砂质页岩；中部为黑色页片状粉砂质页岩夹薄层石英细砂岩凸镜体，常形成波状层理；上部为灰褐色薄层含铁石英细砂岩及长石质粉砂岩，含褐铁矿结构。

矿区为一单斜构造。地层走向大致平行于褶皱轴，西部走向近东西，向东走向变为N60°E。倾向南东，倾角由此向南逐渐变小($40°\sim20°$)。

区内有正断层和逆断层两组。前者对矿床东部破坏较大，使矿层呈阶梯状排列，在4km范围内，矿层由标高900m递降到600m。

矿体呈层状，分布稳定，走向NE60°～70°，倾向SE，倾角30°。沿走向长12km，倾向宽2km。有三层矿，自下而上为：

第一层矿：鲕状赤铁矿。分布稳定，厚度变化小，品位高，平均厚1.77m，最大厚度5.38m，最小厚度0.18m。顶部有菱铁矿层(0层)，与赤铁矿呈过渡关系。

第二层矿：鲕状赤铁矿为主，偶夹肾状赤铁矿。平均厚1.27m，最大厚度2.96m，最小厚度0.26m。厚度变化虽不大，但品位低，需选矿。

第三层矿：肾状赤铁矿为主，偶夹鲕状赤铁矿。分布不稳定，厚度较小，平均厚0.82m，有夹灭现象。

(二)矿石类型

赤铁矿矿石，菱铁矿矿石、褐铁矿矿石及磁铁矿矿石(受岩浆侵入影响，赤铁矿变为磁铁矿)。

(三)矿石构造

鲕状、肾状构造为主，尚有豆状、块状构造和少量角砾状构造。

鲕状赤铁矿为单个同心圆状鲕粒的集合体。鲕粒直径一般为0.59～1.65mm，鲕核为单独或聚集的石英颗粒，亦有是长石、绿泥石或磷灰石碎屑的。鲕核之外有多层同心层，成分主要是赤铁矿和菱铁矿。鲕粒之间胶结物多为碳酸盐，含有石英颗粒。鲕粒加大则成豆状构造。

肾状赤铁矿为单个管状或钟乳状叠锥的集合体。顶部突起，底面呈凹坑状。叠锥之间充填有石英颗粒和鲕粒并为菱铁矿或赤铁矿所胶结。

块状赤铁矿为细粒赤铁矿与石英或菱铁矿互层。角砾状的矿石为块状矿石沉积时在强烈动荡环境下遭受破坏再经胶结而成。

(四)矿石品位

平均含全铁45%，造渣组分：SiO_2为15%～20%，AlO_3小于0.4%，MgO为1.5%，CaO为0.5%，TiO_2为0.15%。有害杂质P为0.15%～0.2%，S为0.05%～0.06%。属酸性矿石。

附河北省西北部震旦亚界串岭沟世岩相古地理图(图10-3)。

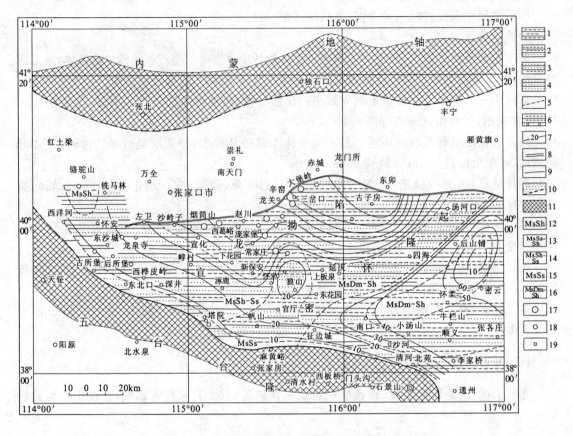

图 10-3 河北省西北部震旦亚代串岭沟世岩相古地理图

1. 页岩相；2. 砂岩-页岩相；3. 页岩-砂岩相；4. 砂岩相；5. 白云岩-页岩相；6. 岩相界线；7. <100m等厚线；
8. 深断裂；9. 古陆界线；10. 海隆；11. 串岭沟期古陆；12. 浅海砂岩相；13. 浅海砂岩-页岩相；14. 浅海页岩-砂岩相；
15. 浅海砂岩相；16. 浅海白云岩-页岩相；17. 中型铁矿；18. 小型铁矿；19. 铁矿点

三、瓦房子锰矿床

位于辽宁西部朝阳地区，为我国北方最大型锰矿床。

1. 地层

本矿区出露的地层主要为中震旦统蓟县群（表10-3）：

2. 构造

本区处于华北地台东北部燕山沉降带东段。区内震旦系和寒武系构成了两个向斜，其间被一北东大断层分开，东南方的向斜称南区，西北方的向斜称北区。南区向斜构造完整，轴向 NE30°～40°，翼部倾角 10°～30°；北区向斜受北东向大断层影响，仅保存了北西翼，轴向 NE30°～40°，翼部倾角 10°～40°。

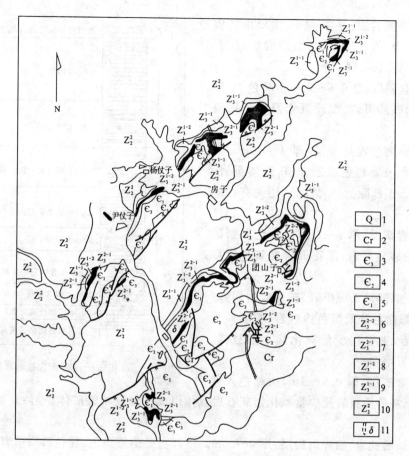

图 10-4 朝阳瓦房子锰矿床地质图

1. 第四系；2. 白垩系；3. 上寒武统；4. 中寒武统；5. 下寒武统；6. 含锰石灰岩段；7. 含锰岩段；
8. 条带状白云质石灰岩段；9. 黑色纸状页岩段；10. 雾迷山组；11. 角闪玢岩脉

表 10-3　瓦房子锰矿床中震旦统蓟县群（Z_2）地层表

上覆寒武系				
中震旦统 Z_2 蓟县群	铁岭组	Z_2^4	Z_2^{4-2}	含锰石灰岩段（0～26m）
			Z_2^{4-1}	含锰岩段（0～50m）
	洪水庄组	Z_2^3	Z_2^{3-2}	条带状白云质石灰岩段（22～45m）
			Z_2^{3-1}	黑色纸状页岩段（50～80m）
	雾迷山组（未见底）	Z_2^2		燧石灰岩段（>1 500m）

3. 岩浆岩

局部有燕山期脉岩，使矿石有热变质现象。

(一) 矿床地质特征

含锰岩系（南区）剖面（图 10-5）

以粉砂质岩石为主，呈暗紫色和元赭色，产原生氧化锰矿石。自下而上剖面描述如下：

1)底部碎屑岩层:厚 1～4m,主要由钙质砂砾岩、粉砂岩、粉砂质页岩、细砂岩组成,有交错层理和凸镜状层理。

2)下部含矿层:厚 0.5～2m,由赭色、紫黑色粉砂岩、粉砂质页岩、泥质页岩及氧化锰扁豆体组成。

3)下部碎屑岩泥质岩层:厚 4～10m。下部主要是赭色及紫黑色粉砂岩、粉砂质页岩、泥质页岩等。上部除上述岩性外,还夹有钙质页岩。

4)中部含矿层:厚 2～6m,由赭色及紫黑色粉砂岩、粉砂质页岩、泥质页岩夹氧化锰扁豆体组成。

5)中部细碎屑岩、泥质岩、碳酸盐岩层:厚 4～10m,上部赭色及紫黑色粉砂岩、粉砂质页岩、泥质页岩,夹有很少量氧化锰小扁豆体。上部钙质页岩增多。

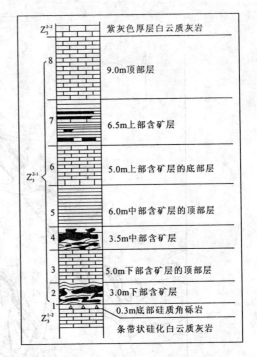

图 10-5 瓦房子锰矿床含锰岩系柱状图

6)上部含矿层:厚 0.5～1m,由赭色及紫黑色粉砂岩、粉砂质页岩及少量氧化锰矿石扁豆体组成。扁豆状锰矿体小,且分布零星,工业意义不大。

7)上部碳酸盐岩、细碎屑岩层:厚 0～20m。下部主要是紫黑色、赭色砂质页岩、粉砂岩、泥质页岩。中上部以钙质页岩为主。

含锰岩系中岩性变化频繁,各层之间无清楚的界线。

(二)矿体特征

呈扁豆体形状,赋存在上、中、下 3 个含矿层中。含矿层由含锰岩石夹锰矿扁豆体组成,锰扁豆体往往构成矿饼群(图 10-6)。

单个锰矿扁豆体厚度小于 40～50cm,最厚 1～1.5m;长度一般小于 30m,最长的大于 200m。下含矿层中锰扁豆体较大。锰扁豆体与围岩整合接触,通常在扁豆体外有一层 0.02～0.05m 或更厚一些的粉砂质页岩,似扁豆体的皮壳,其页理与扁豆体外形平行。有些锰扁豆体中心为纯锰质矿石,向外渐变为含锰的粉砂质岩石,有的扁豆体中还有粉砂质页岩夹层。

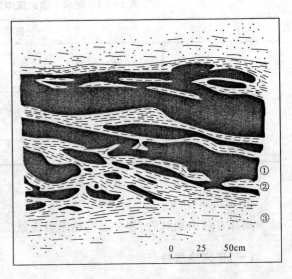

图 10-6 瓦房子锰矿南区鸡冠山区矿饼群素描图
①氧化锰矿石;②粉砂质页岩;③粉砂岩

(三)矿石特征

矿石类型有:①氧化锰矿石:为原生矿

石、黑色结晶块状或致密块状、鲕状等。主要矿石矿物为水锰矿及少量硬锰矿、褐锰矿、铁锰矿等。脉石矿物有方解石、燧石、蛋白石等。②碳酸锰矿石：灰或浅褐色，致密或结晶块状、竹叶状构造。主要矿石矿物为菱锰矿、锰方解石等。脉石矿物为燧石、黄铁矿、黄铜矿等。③次生氧化锰矿石：仅存在于地表部位。④褐锰矿矿石：仅见于南区局部地段，系氧化锰受火成岩侵入影响变质而成。

锰矿石化学成分主要有 Mn、Fe、Si、Mg、Al 等。锰以 Mn^{3+}、Mn^{4+}（主要在氧化锰矿石中）、Mn^{2+}（主要在碳酸锰矿石中。矿石品位低者小于 10%，高者大于 40%，一般为 20%～35%。氧化锰矿石品位高；南区矿石品位高；中含矿层矿石品位高。）

锰矿石中 S、P 含量很少。

附辽宁西部中震旦纪铁岭期古地理图（图 10-7）。

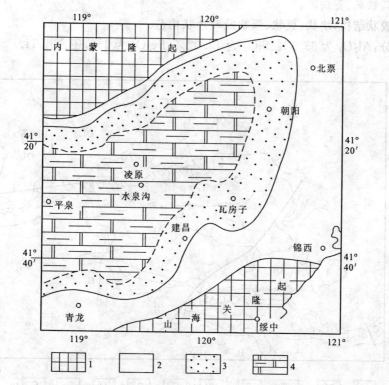

图 10-7 辽宁西部中震旦纪铁岭期古地理图

1. 古陆；2. 铁岭期海浸范围；3. 铁岭组紫黑色砂页岩、白云岩夹含铁锰矿石的浅海相沉积；
4. 铁岭组绿色页岩、白云岩夹含锰铁矿石的浅海相沉积

四、河南巩县铝土矿矿床

位于河南省巩县。矿石质量高、储量大，为我国重要铝土矿床之一，大地构造位置属中朝地块。区域内地层最老的为前震旦纪变质岩，最新的为三叠系红色砂页岩及第四系黄土。区内构造简单，为单斜构造、走向近东西，倾向北 NE，倾角平缓。由于北西-南东向断层，使矿层重复出现南北两个矿带（图 10-8）。

矿层产于中奥陶统马家沟灰岩的侵蚀面上,上覆太原统灰岩。矿体产出层位稳定,呈大凸镜状,上与太原统灰岩界线平整,下与马家沟灰岩界线复杂。

含矿层剖面由下而上为:

1)红黄色粘土及粘土页岩,夹有褐铁矿团块(山西式铁矿);
2)白色粘土,呈凸镜状,分布不稳定;
3)杂色铝土页岩,含大量铁质斑点;
4)砖红色豆状、鲕状及块状铝土矿层,中上部页岩内含植物化石;
5)暗灰色致密坚硬厚层状优质铝土矿;
6)黑灰色薄层叶片状铝土矿。

矿石的矿物成分有一水铝石、蒙脱石、伊利石,少量水云母、叶腊石、针铁矿、金红石、方解石、赤铁矿、黄铁矿、菱铁矿。

矿石呈胶状结构,块状、豆状、鲕状及叶片状构造。

化学成分:Al_2O_3 为 65.9%、SiO_2 为 13.02%、Fe_2O_3 为 3%,还含有 Ti。

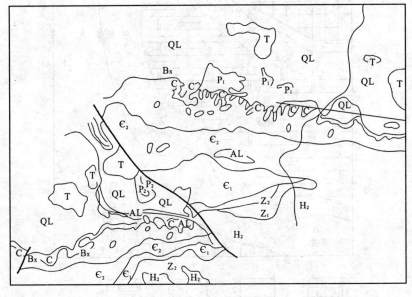

图 10-8 巩县铝土矿区域地质图

1. 近代冲积层;2. 第四系黄土层;3. 三叠系石千峰统;4. 二叠系石盒子煤系与灰绿色长石砂岩(平顶山砂岩);
5. 二叠系石盒子煤系黑灰色砂岩、页岩、灰绿色砂岩、灰绿色页岩及煤层;6. 石炭系太原统、灰岩、炭质页岩和粗砂岩;
7. 石炭系铝土矿、间含赤铁矿;8. 中奥陶统马家沟灰岩层;9. 中寒武统张夏灰岩层;10. 下寒武统馒头页岩层
11. 上震旦统朱砂洞组灰岩层;12. 下震旦统石英岩夹薄层千枚岩及板岩;13. 元古界千枚岩、片岩及石英岩;14. 断层

实习单元十一 生物化学沉积矿床

一、实习内容

(一)目的要求

了解沉积磷块岩矿床的特征和成矿地质条件。

(二)典型矿床实习资料

(1)云南昆阳磷块岩矿床。
(2)湖北荆襄磷矿床。

(三)、实习指导

(1)了解以下几种主要的磷酸盐矿物：
氟磷灰石：$Ca_{10}P_6O_{24}F_2$
羟磷灰石：$Ca_{10}P_6O_{26}(OH)_2$
碳磷灰石：$Ca_{11}P_5CO_{24}(OH)_3$
细晶磷灰石：$Ca_{10}P_{5.2}C_{0.8}O_{23.2}(OH)$
库尔斯克石：$Ca_{11}P_{4.3}C_{1.2}O_{22.3}F_2(OH)_{1.2}$
(2)试磷反应：钼酸铵＋硝酸＋标本→黄色沉淀（磷钼酸铵）

(四)思考题

(1)我国重要的沉积磷块岩矿床形成在什么地质时代？
(2)你对各种沉积磷块岩矿床的成因假说有什么看法？
(3)胶体化学沉积矿床为什么常产出在侵蚀间断面之上？
(4)生物在成矿中可起哪些作用？生物-化学沉积矿床具何特征？
(5)按照洋流学说的观点沉积磷块岩矿床形成于何种沉积环境？含磷岩系有何特征？岩相分带有何规律？
(6)硅藻土矿床形成于哪些地质时代？沉积盆地及含矿岩系有何特征？

(五)实习作业

描述昆阳磷矿矿床特点，简述矿床形成原因。

二、云南昆阳磷块岩矿床

位于云南省晋宁县,是我国著名的大型磷块岩矿床之一(图 11-1)。

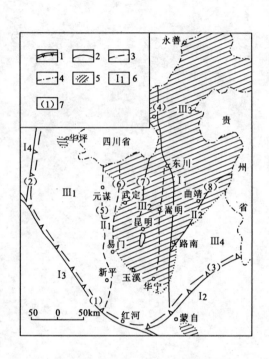

图 11-1 云南省东部大地构造分区图
1. 一级大地构造界线;2. 二级大地构造界线;3. 三级大地构造界线;4. 大断层;5. 下寒武统磷矿层分布区;6. 大地构造单元编号;7. 断层编号;
I_1:扬子地台;I_2:华南加里东褶皱带;I_3:三江印支褶皱带;I_4:甘孜印支褶皱带;II_1:西昌-滇中地轴;II_2:滇东台褶带;III_1:滇中中生代拗陷;III_2:昆明拗陷;III_3:永善拗陷;III_4:牛首山隆起;
(1)红河深断裂;(2)程海深断裂;(3)南盘江深断裂;(4)小江断裂;(5)绿汁江-龙川江大断裂;(6)易门-罗茨大断裂;(7)普渡河大断裂;(8)曲靖-路南大断裂

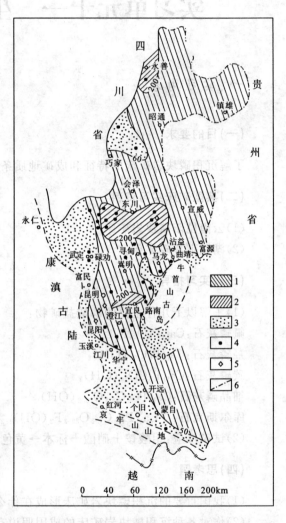

图 11-2 云南东部早寒武世磷块岩相分布图
1. 碳酸盐型磷块岩相;2. 硅酸盐型磷块岩相;
3. 结核碎屑磷块岩相;4. 已发现磷矿点;
5. 已勘探过的磷矿点;6 省界

(一)矿区地层

从前震旦系到第三系均有出露。矿层产于下寒武统地层中(图 11-2),其层序由新到老描述如下:

下寒武统

筇竹寺组:

⑦暗绿、黄绿、灰绿色砂页岩(厚88m)。

⑥绿黑色或杂色炭质、粉砂质页岩(12~24m)。

渔户村组：

⑤灰绿色细砂岩及钙质页岩(39~56m)。

④黑色碳质页岩及粉砂岩，夹含磷砂岩凸镜体及燧石结核(32~44m)。

③上磷矿层：底部常显同生碎屑角砾岩；下部磷块岩与白色页岩互层；中部为厚层鲕状磷块岩；上部为厚层硅质、白云质磷块岩及含磷白云岩、含磷硅质岩。顶部为薄层海绿石砂岩(1.94~14.86m)。

②白色页岩(主要由高岭土组成)(0~7.1m)。

①下磷矿层：下部为蓝灰及暗灰色致密磷块岩，夹结核状磷块岩，中部为薄层鲕状磷块岩；上部为夹有黑色燧石条带的磷块岩；层面有小波痕(0~6.89m)。

矿层距不整合面不远，呈层状、似层状，厚4.46~16.43m，平均厚11.59m。

(二)矿石类型

1) 鲕状磷块岩：鲕粒径0.5~1.5mm，鲕核为胶磷矿或细小石英粒。磷环由磷酸盐、硅酸盐、碳酸盐组成，一般2~3圈，多者可达10圈，偶见磷质骨屑。

2) 粒屑结构磷块岩：粒屑呈球形、核形，粒径0.1~2mm；成分以胶磷矿为主，次为石英、白云石；胶结物为白云石、石英、玉髓及胶磷矿粉晶。块状构造，又称块状磷块岩。

3) 结核状磷块岩：由0.5~1.5cm的结核组成，不规则地分布于磷块岩中。结核中心为胶磷矿及细小石英颗粒，外围为磷酸盐矿物，呈同心圆，最多可达数十圈。胶结物为磷酸盐、硅酸盐及碳酸盐。

4) 条带状磷块岩：以鲕状磷块岩为主，夹有燧石条带。

上述4种矿石类型以1)、2)种为主。矿石品位一般在矿层中部较富，P_2O_5达20%~35%。

附图11-3、图11-4、图11-5、图11-6。

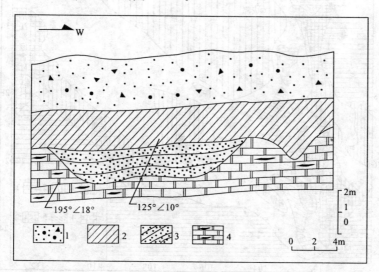

图11-3 渔户村组与中谊村段地层接触关系

1. 第四系；2. 中谊村组鲕状粒屑状磷块岩；3. 中谊村组砾状磷块岩；4. 渔户村组含饼状燧石白云岩

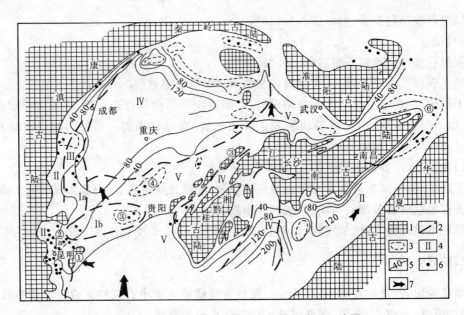

图 11-4 中国南方早寒武世初期岩相古地理略图

1. 古陆、古岛；2. 沉积相界线；3. 水下台地；4. 沉积相带编号；5. 沉积等厚线；6. 磷块岩矿床；7. 海进方向；Ⅰ：滨海-浅海磷块岩相；Ⅰa：碳酸盐岩亚相；Ⅰb：硅质岩亚相；Ⅱ：滨海-浅海碎屑岩相；Ⅲ：浅海碳酸岩相；Ⅳ：滨海页岩相；Ⅴ：浅海硅质岩相；①牛首山古岛；②禄劝水下台地；③织金水下隆起；④遵义水下隆起；⑤大庸古岛；⑥建德水下台地

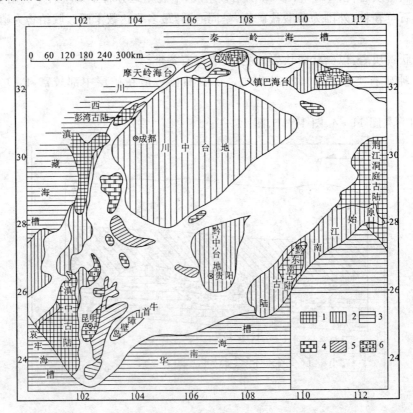

图 11-5 扬子成磷区西部早寒武世梅树村初期磷矿区划图

1. 古陆区；2. 古隆起区；3. 海槽区；4. 碳酸盐型磷块岩；5. 碳酸盐硅质岩混合型磷矿带；6. 砂质白云岩型磷矿带

· 162 ·

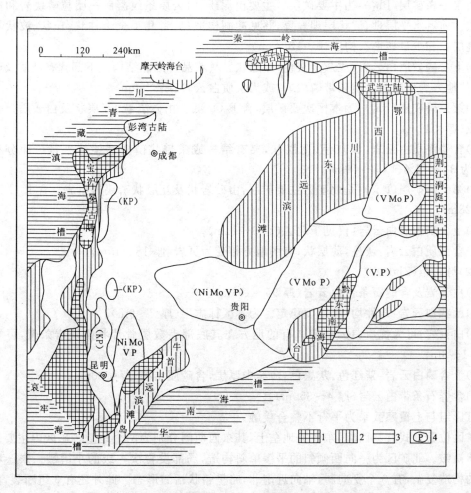

图 11-6 扬子成磷区西部早寒武世梅树村末期磷矿区划图
1. 古陆区；2. 古隆起区；3. 海槽区；4. 镍、钼、磷矿带

三、湖北荆襄磷矿床

位于湖北省襄樊地区钟祥和宜城两县。矿层厚，品位高，规模大，是我国中南地区规模最大的磷矿。

(一) 矿区地质特征

矿区地层有前震旦系、震旦系-三叠系、白垩系-第三系及第四系。含矿地层为震旦系上统，不整合覆于前震旦系之上。震旦系自下而上分层如下：

(1) 陡山沱组 (Zbd)

1) 底砾岩：砾石成分为前震旦系花岗片麻岩、片麻状花岗岩及片岩等 (厚<12m)。

2) 含锰白云岩和含磷页岩：前者一般呈黑色，风化后黑褐色顶部发育水平层理并有干裂构造；后者灰绿及灰黑色，近顶部夹有少许磷块岩。在不同地区，白云岩可位于页岩之上或之下，有的地方缺失 (厚<70m)。

3)第一磷矿层(Ph_1):为主要矿层。主要由泥质、白云质条纹凝胶—团粒磷块岩和藻磷块岩组成。前者水平层理、波状层理发育,并见冲刷构造;后者几乎全由柱状、丘状、波状及锥状磷质叠层石和少量核形石构成(0~12.33m)。

4)下含磷砂屑白云岩:浅灰至灰色,厚层状。具粉晶—细晶结构。下部含有硅质及磷质团块;有的地方为一层白云质条带磷块岩,或为灰质白云岩(厚<80m)。

5)第二磷矿层(Ph_2):为本区次要矿层,含 P_2O_5 低。由砂岩状、互层状及白云质条带磷块岩组成(厚<11m)。

6)含磷泥质白云岩:深灰色、薄层状,夹有结核或条带状磷质透镜体平行层面分布。含 P_2O_5 为3%~8%(厚5~40m)。

7)第三磷矿层(Ph_3):是北矿区主要矿层,由砂岩状及互层状磷块岩组成。含 P_2O_5>20%(厚<28m)。

8)上含磷泥质白云岩:仅见于北区(厚9~11m)。

9)含泥质白云岩:灰色,薄层状,有的地方相变为页岩(厚18~45m)。

(2)灯影组(Zbdn)

1)白云岩及含燧石条带白云岩(厚95~108m)。

2)鲕状白云岩:岩性均一,厚度稳定。为本区标志层(厚2~9m)。

3)白云岩:可为优质白云岩矿。有的地方在其底部夹数层骨片状磷块岩条带,可构成矿带,厚1~3m。

4)上含磷白云岩:紫红色,灰黑色,薄至中厚层,含磷质结核(厚<30m)。

5)含燧石条带白云岩(厚4~350m)。

灯影组与上覆寒武系为平行不整合接触。

矿区位于复式背斜西翼,东乡关地垒上,其东西两侧分别为两个地堑。矿区内主要是开阔的箱状褶皱。北矿区为一向西倾斜的平缓单斜构造,局部发育次一级的小褶皱。朱堡埠(南)矿区的构造复杂,有3个复向斜,轴向近南北,略呈箱状褶皱形态。此外还有3组断裂,使褶皱复杂化。

(二)矿床特征

矿层呈 NNW—SSE 向带状延伸。受断层切割分成南北两矿区,二者相隔10km。南矿区有6个矿体;北矿区分6个矿段。矿层产于震旦系陡山沱组,总厚度约200m。共9个含磷层位,以第一和第三层矿为主要。

1. 矿层

第一磷矿层:呈层状,占全区工业储量的一半,由致密状及条带状磷块岩组成。P_2O_5 为10%~30%,矿层厚度变化大(3~11m)。一般当底板黑色页岩厚度大时,矿亦厚,反之变薄;在页岩尖灭,含砾白云岩发育之处往往无矿。该层是北区主要矿层,是南区惟一矿层。

第三磷矿层:为北区主要矿层之一。厚0~28m,一般厚10~13m。P_2O_5 含量为8%~21.65%,一般13%~15%,表外矿石约占一半。主要由砂岩状及互层状磷块岩组成,二者相互交替,可分为5层,其中 Ph_3^2、Ph_3^4(由砂岩状矿石组成)厚度大,品位较高,分布稳定,为第三磷矿层的主要部分。

2. 矿石类型

1)致密状磷块岩:主要为胶磷矿,其次为磷灰石。二者含量70%~90%。

2)条带状磷块岩:由致密状磷块岩与白云岩或页岩互层形成白云质条带状和泥质条带状磷块岩。

3)砂岩状磷块岩:黑色,块状构造,其中胶磷矿和磷灰石占40%~60%。

4)结核状磷块岩:结核主要由胶磷矿和硅质组成,直径0.2~0.4cm。

3. 矿石物质成分

矿石矿物为胶磷矿和磷灰石。脉石矿物有白云石、方解石、石英、玉髓、粘土矿物、褐铁矿、黄铁矿及炭质。

在地表氧化条件下,矿石中部分化学组分淋失,P_2O_5提高,MgO、CaO、CO_2降低,酸不溶物亦较原生矿石增高。

实习单元十二　变质矿床

一、实习内容

(一)目的要求

(1)掌握变质矿床的基本地质特点及形成条件。
(2)了解各类变质作用及变质矿床类型。

(二)典型矿床实习资料

(1)辽宁弓长岭铁矿床。
(2)江苏锦屏磷矿床。
(3)湖南鲁塘石墨矿床。

(三)实习指导

变质矿床多数是沉积-变质而成的,因而保留有沉积岩和沉积矿床的特点。要注意观察标本和图件,并结合有关沉积岩和沉积矿床的知识,分析哪些是原来的沉积特征,哪些是变质作用引起的变化。有的变质矿床如弓长岭铁矿,还受热液活动影响而形成富矿体,对这点亦应予以注意。

(四)实习作业

(1)分析弓长岭铁矿床中富矿体的成因。
(2)记录海州锦屏磷矿的含磷地层时代、分层及主要岩性特点。
(3)描述鲁塘石墨矿床的地质特点。

(五)思考题

(1)为什么说鞍山式铁矿是变质矿床?
(2)沉积磷矿与变质磷矿主要的地质特点及差别有哪些?
(3)变质矿床有关的矿产有哪些?

二、辽宁弓长岭铁矿床

我国东北地区鞍山、本溪、海城、辽阳和抚顺等地,广泛分布含铁石英岩矿床,弓长岭铁矿是其中著名的矿田之一,分几个矿段(图12-1)。

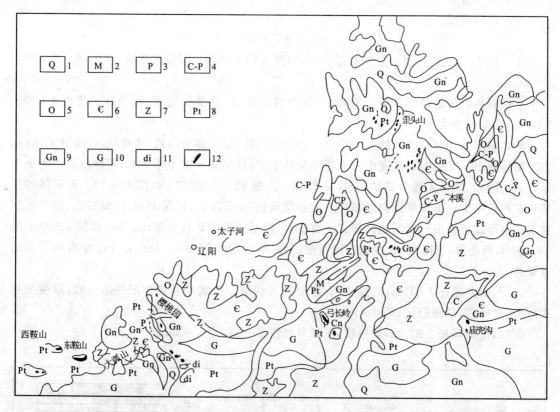

图 12-1 鞍本地区鞍山群地层分布示意图(据于方等,1997)

1. An_3y 上鞍山群樱桃园组;2. An_3y 推测盖层下的上鞍山群樱桃园组;3. $An_2d(?)$ 中鞍山群大峪沟组;
4. An_2^2d 推测盖层下的中鞍山群大峪沟组;5. An_2yan 中鞍山群烟龙山组;6. An_2s 中鞍山群山城子组;
7. An_1t 下鞍山群通什村组;8. 条带状铁矿;9. 混合花岗岩;10. 盖层

矿区地层层序自上而下为:

Ⅲ. 上混合岩层:岩性与下混合岩层基本相同,厚约 100m,同位素年龄 1 600Ma。

~~~~~~侵入接触~~~~~

Ⅱ₅. 石英岩   厚 30～100m

Ⅱ₄. 上含铁带

⑤第六层铁矿(Fe_6),即主要富铁矿层   50～60m

④上斜长角闪岩层   6～22m

③第五层铁矿(Fe_5)   10～15m

②下斜长角闪岩层   10～40m

①第四层铁矿(Fe_4)

Ⅱ₃. 中部黑云母钠长石变粒岩层夹第三层铁矿(Fe_3)   70～190m

Ⅱ₂. 下含铁带

④第二层铁矿(Fe_2)   2～27m

③中部片岩层   2～12m

②第一层铁矿(Fe_1)   2～18m

①下部片岩层 3～36m
Ⅱ₁.角闪岩层

~~~~~侵入交代接触~~~~~

Ⅰ.下混合岩层:主要为条带状混合岩,厚度大约1500m,同位素年龄20亿年。

含铁石英岩建造位于NW-SE向大复背斜东北翼,呈单斜地层,倾角陡。延长4 000～5 000m,已知延伸大于1 000m。

矿体呈层状,倾向北东,倾角60°～90°,有时倒转。富矿体呈层状、透镜状,产于贫矿体内,主要赋存在Fe₄、Fe₂内。厚度由几十厘米至几十米,延长几十米至千余米,延伸由几十米至千米以上。倾向、倾角大致与贫矿一致(见图12-2、图12-3、图12-4、图12-5)。富矿体的主要控矿构造是Fe₆下盘的走向逆断层。此断层延长2km以上,延深1km,倾向NE。沿该断层在Fe₆中形成了鞍山—本溪地区最大的富矿体,即弓长岭二矿区主矿体。Fe₆延续4 800m,厚50～60m,西北薄,东南厚,有些地方因断层重叠,厚度增大到100～160m。Fe₆中有两个大的富矿体:

其一,走向延长1 840m,似层状,有穿层分支现象。产状与贫铁矿层基本一致,厚度变化大,向上变薄,深部较稳定,厚5～30m。

其二,走向延长1 820m,似层状,产状与贫铁矿一致,厚5～30m。

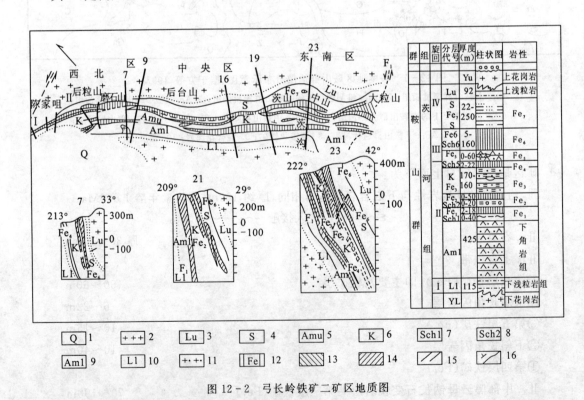

图12-2 弓长岭铁矿二矿区地质图

1.第四系;2.麻峪花岗岩;3.上浅粒岩;4.硅质层;5.上角闪岩;6.黑云变粒岩;7.Fe₁片岩组;8.Fe₂片岩组;9.下角闪岩;10.下浅粒岩;11.弓长岭花岗岩;12.磁铁矿层;13.赤铁矿层;14.矿体;15.断层;16.地质界线及产状

富铁矿附近有明显的围岩蚀变,呈单侧带状分布。自富矿体向外依次为:铁镁闪石化、石

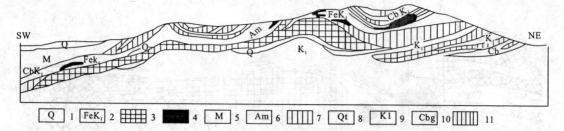

图 12-3 弓长岭铁矿床一矿区××地质剖面图(据于方等,1997)

1. 第四纪层;2. 铁矿层与片岩互层带;3. 磁铁石英岩;4. 赤铁富矿;5. 混合岩;6. 石英绿泥斜长角闪岩带;
7. 赤铁石英岩;8. 石英脉;9. 片岩带;10. 石英绿泥岩;11. 磁铁富矿

榴石化、绿泥石化。蚀变常发育于富铁矿体一侧的夹层中,一般宽十几米到几十米。一般蚀变强烈,蚀变带宽,往往富矿体亦较厚;围岩蚀变弱的地方,富矿体小或没有。蚀变岩石常具片状构造,片理平行于富矿体外形。富矿体及围岩蚀变年龄为 1 800~2 000Ma(图 12-6)。

富矿石成分主要为磁铁矿,局部有少量赤铁矿富矿体。矿石主要呈致密块状构造,亦有细密条带状构造。富矿石品位大于 60%,含 SiO_2 为 10.3%,S 为 0.3%,P 极低。硫同位素组成特征见图 12-7。

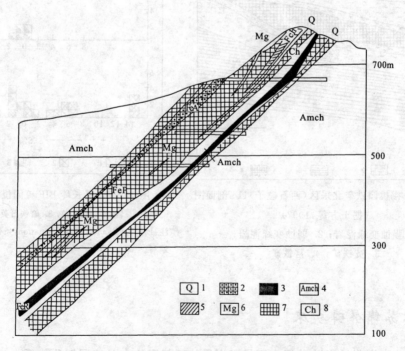

图 12-4 庙儿沟铁矿床铁山区××剖面示意图(据于方等,1997)

1. 山坡堆积物;2. FeA 透闪磁铁石英岩;3. FeR 磁铁富矿;4. 绿泥角闪岩;
5. Feh 假象赤铁石英岩;6. 云母石英岩;7. FeP 磁铁石英岩;8. 绿泥片岩

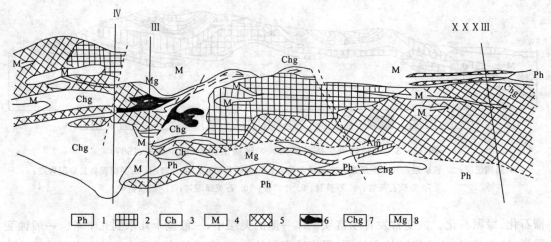

图 12-5 矿区地质图

1. 千枚岩；2. 假象赤铁石英岩；3. 绿泥岩；4. 混合岩；5. 磁铁石英岩；6. 磁铁富矿；7. 石英绿泥岩；8. 云母石英片岩

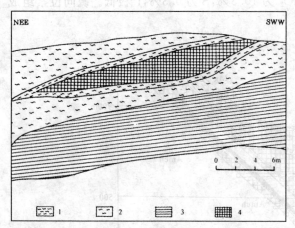

图 12-6 樱桃园铁矿北采区（西石砬子）114 剖面图
（据于方等，1997）

1. 强蚀变绿泥岩；2. 弱蚀变绿泥岩；
3. 贫铁矿；4. 富铁矿

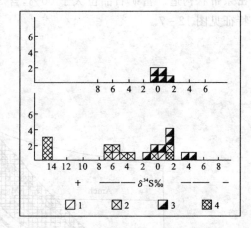

图 12-7 弓长岭 BIF 硫同位素组成图

1. 围岩；2. 蚀变岩；3. 磁铁石英；4. 富铁矿

注：BIF 为（Banded Iron Formation，条带状含铁建造）缩写。

三、江苏锦屏磷矿床

位于江苏省海州地区。矿层产于早元古界的下部层位中。地层划分如下：

云台片岩系：以白云母斜长片麻岩及黑云母斜长片麻岩为主，夹云母石英片岩及黄铁矿浅粒岩。厚度大于 5 000m。

海州含磷大理岩系：以镁质大理岩为主，夹云母石英片岩、白云母斜长片麻岩，厚 700m。

上述岩系与钾质花岗岩（混合岩化花岗岩）呈混合交代接触，构成了一个半完整的穹窿构造（图 12-8）。

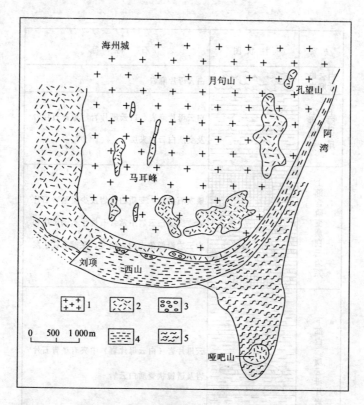

图 12-8 海州锦屏山一带地质略图
1. 混合花岗岩；2. 混合片麻岩；3. 眼球片麻岩；4. 含磷岩系；5. 白云母片麻岩

含磷岩系由二层含磷变质白云岩和二层白云质云母片岩组成。二者交替出现，组成上、下磷矿层及云母片岩层(图 12-9)。

1)下部含磷系：由变质白云岩、石英云母变质白云岩与磷灰石矿层组成，还夹有白云质石英岩和锰矿层等。岩层相变大，整个岩系在东山矿区完全变为锰土矿层及石英岩，而在西山矿区，石英岩常沿走向变为锰土层。总厚 40m。

2)下及上部白云质云母片岩：本层片理发育，且保存原始产状，是含矿层的围岩，两者为渐变关系。主要由白云质云母片岩、石英云母片岩，含石英白云质云母片岩组成。下部白云质云母片岩一般厚 65～250m，上部白云质云母片岩在西山厚 300m，在东山仅厚 0～13m。

3)上部含磷岩系：多分布于东山矿区。主要由磷灰石矿层、变质白云岩、含磷石英岩组成；此外还有堇青石片岩，石榴子石变质白云岩等。

上矿体产在花岗岩化强烈的东山区，矿层呈极不规则的透镜体，纵向、横向相变化明显。下部矿体在西山区最发育，在东山区为石英岩及锰矿层所代替，至陶湾一带则逐渐尖灭。含矿层长 1 900m，厚 1～19m。矿体中间厚，两端薄，倾角达 70°。上部矿体发育在东山区，至西山区变为变质白云岩，在陶湾一带为断续出露的凸镜体。矿体长 900m，厚 14～40m，倾角缓。矿体呈层状，夹于上、下变质白云岩系中，与围岩片理产状一致。

矿石有如下自然类型：

1)细粒磷灰岩：为本区最主要矿石类型，以氟磷灰石、细晶磷灰石及白云石为主，其次有石英及白云母。变均粒结构为主，致密块状构造。

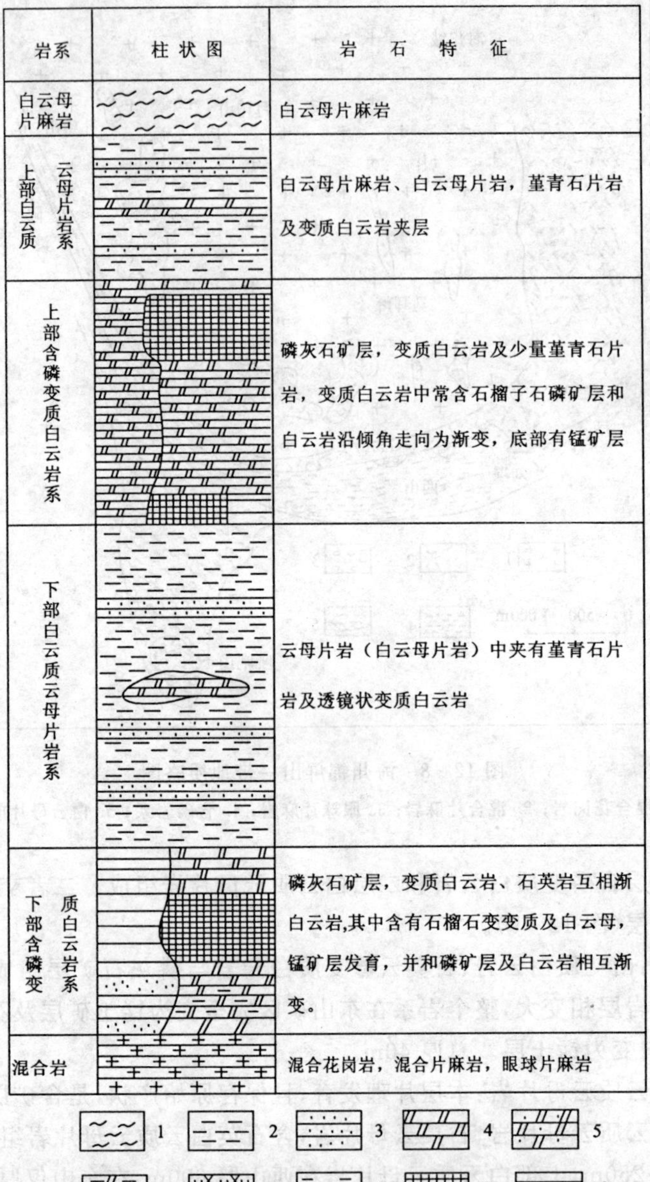

岩系	柱状图	岩 石 特 征
白云母片麻岩		白云母片麻岩
上部白云质云母片岩系		白云母片麻岩、白云母片岩，堇青石片岩及变质白云岩夹层
上部含磷变质白云岩系		磷灰石矿层，变质白云岩及少量堇青石片岩，变质白云岩中常含石榴子石磷矿层和白云岩沿倾角走向为渐变，底部有锰矿层
下部白云质云母片岩系		云母片岩（白云母片岩）中夹有堇青石片岩及透镜状变质白云岩
下部含磷变质白云岩系		磷灰石矿层，变质白云岩、石英岩互相渐白云岩，其中含有石榴石变变质及白云母，锰矿层发育，并和磷矿层及白云岩相互渐变。
混合岩		混合花岗岩，混合片麻岩，眼球片麻岩

图 12-9 海州锦屏磷矿床含磷岩系综合岩层柱状图

1. 白云母片麻岩；2. 云母片岩；3. 堇青石片岩；4. 变质白云岩；5. 石榴子石变质白云岩；
6. 云母变质白云岩；7. 石英岩；8. 混合岩；9. 磷灰石矿层；10. 锰矿层

2）锰磷矿石：仅见于西矿区，褐黑色锰质层与白色磷灰岩互层。以细晶磷灰石、土状锰矿物、软锰矿、硬锰矿为主，并有石英、白云母及白云石。

3）云母磷灰岩：分布在下部含磷层底部，以细晶磷灰岩、石英及白云母为主。

磷灰石矿层在表生风化作用下，有显著的次生富集作用。白云石溶解，碳酸锰变为氧化锰，结果在氧化-还原界面（-100m）以上，磷灰石相对富集（图 12-10）。

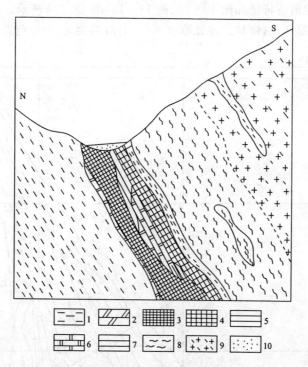

图 12-10 海州锦屏磷矿床地质剖面图

1. 云母片岩；2. 变质白云岩；3. 细粒磷灰岩；4. 锰磷矿层；5. 锰土；6. 菱锰矿层；
7. 云母磷灰岩；8. 混合片麻岩；9. 混合花岗岩；10. 第四系冲积层

三类矿石分子式及化学成分如表 12-1。

表 12-1 海州锦屏磷矿石中磷灰石化学成分及矿物化学分子式

化学成分 矿石类型及分子式	CaO	P_2O_5	F	CO_2	OH	Cl	$F:P_2O_5$	$CO_2:P_2O_5$
$Ca_{0.94}P_{0.58}O_{2.4}[F_{0.18}(CO_3)_{0.11}]$	54.43	41.33	3.43	1.18	—	—	0.080	0.028
$Ca_{0.86}P_{0.48}O_{2.05}[F_{0.13}(CO_3)_{0.02}Cl_{0.007}]$	47.18	34.18	2.48	0.78	—	0.06	0.072	0.022
$Ca_{0.97}P_{0.60}O_{2.74}F_{0.16}$	50.19	39.43	2.86	—	—	—	0.072	—

四、湖南鲁塘石墨矿床

位于湖南省郴州西南 50km 处。矿体埋藏浅，矿石品位富，矿床规模大，是我国重要的石墨矿产地之一。

矿区仅出露二叠纪地层：下二叠纪茅口灰岩，上二叠纪乐平煤系（硅质岩），上二叠乐平煤系（砂页岩夹煤层）。

区内为一 NE 向的向斜构造。金湘源花岗岩侵入向斜东翼乐平煤系中，砂岩变成石英岩，煤变成石墨。向斜西翼煤多为无烟煤（图 12-11）。

赋矿层位及矿层形态特征如图 12-12、图 12-13、图 12-14 所示。

石墨有两层,呈层状、透镜状。各处厚度不一,向两端尖灭,为黑色页岩所替代。

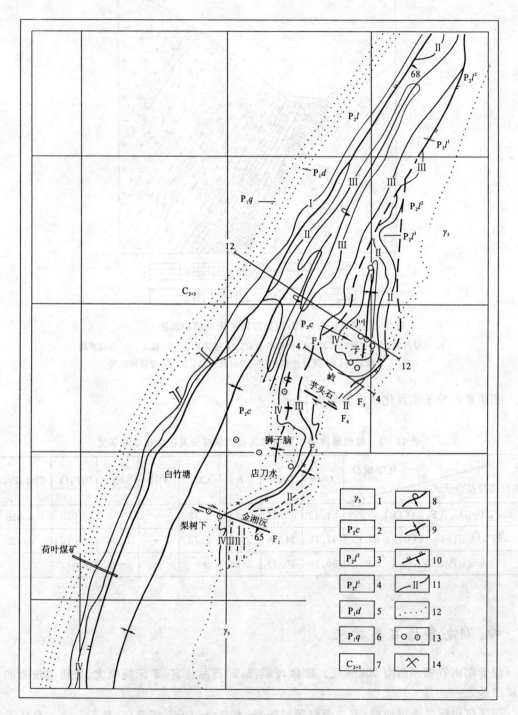

图 12-11 鲁塘石墨矿区地质图

1. 印支期花岗岩;2. 长兴组;3. 乐平组上段;4. 乐平组下段;5. 当冲组;6. 栖霞组;7. 中、上石炭系;
8. 倒转向斜轴;9. 向斜轴;10. 断层及编号;11. 矿层及编号;12. 地质界线;13. 钻孔;14. 废弃生产矿井

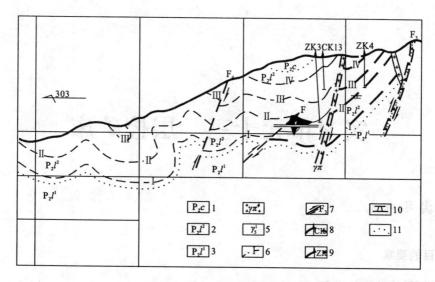

图 12-12　12 线地质剖面图

1. 长兴组；2. 乐平组上段；3. 乐平组下段；4. 花岗斑岩；5. 印支期花岗岩；6. 矿层及编号；
7. 断层及编号；8. 四〇八队钻孔；9. 四〇四队钻孔；10. 生产坑道；11. 地质界线

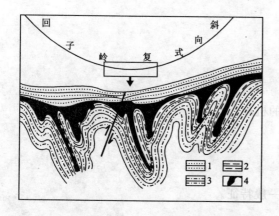

图 12-13　回子岭复式向斜核部第Ⅱ矿层形态素描图

1. 石英砂岩；2. 炭质板岩；3. 角岩化粘土岩；4. 石墨矿层；

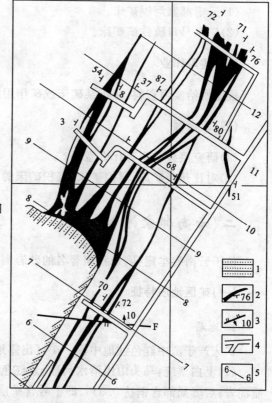

图 12-14　636 中段矿体水平断面图

1. 石英砂岩(顶板)；2. 矿体及产状；3. 逆断层及产状；
4. 生产坑道；5. 剖面线及编号

· 175 ·

实习单元十三 层控矿床

一、实习内容

(一)目的要求

(1)掌握层控矿床的特点。
(2)了解层控矿床的成矿作用与机理。

(二)典型矿床实习资料

(1)云南郝家河铜矿床。
(2)广东马口硫铁矿矿床。

(三)实习作业

根据所给实习资料,分析某矿床成矿作用的机理。

(四)思考题

(1)研究层控矿床有什么意义?
(2)对比热液矿床、层控矿床、沉积矿床的一般特征。

二、云南郝家河铜矿床

位于云南省牟定县,是我国著名的砂岩铜矿产地。

(一)矿区地质特征

1. 地层

矿床产于滇中红色盆地中段。矿区出露地层简单,由新到老为:
(1)上白垩统:马头山组清水河段:紫红色砂、泥岩互层。底部夹灰绿色、深灰色泥岩及碳质泥岩;后者局部含铜达0.3%,即Ⅰ号含矿层。
(2)马头山组郝家河段:总厚78~125m。分3个岩性亚段:
1)上亚段:灰白、青灰色中细粒长石、石英砂岩,底部夹1~5层紫红色泥岩和1~3层砾岩。砾石成分简单,东区以石英为主,西区以砂岩、粉砂岩为主。与中亚段有明显侵蚀面,保留有页岩侵蚀残余。厚3~15m。Ⅱ号矿群产于此层中。
2)中亚段:上部为灰白、青灰、深灰色细粒中厚层长石石英砂岩。石英及燧石占55%,酸性长石(绢云母化)及钾长石(高岭土化)占15%,胶结物占30%。呈孔隙式胶结,也有溶蚀式胶结。长石石英普遍为碳酸盐溶蚀,为Ⅲ号主要含矿层位。下部为紫红色细粒中厚-厚层状长石石英砂岩,部分地区常夹浅色砂岩凸镜体。有铜矿化,为Ⅳ号含矿层位。在西部地区紫色砂岩与浅色砂岩之间,有明显的沉积间断。底部砾岩呈枝叉状及凸镜状与砂岩交互出现,多达十余层。砾石成分为板岩、千枚岩、石英岩、片岩及石英,呈棱角状、次棱角状,大小不等,分选差,砂质胶结,厚60~80m(图13-1、图13-2)。

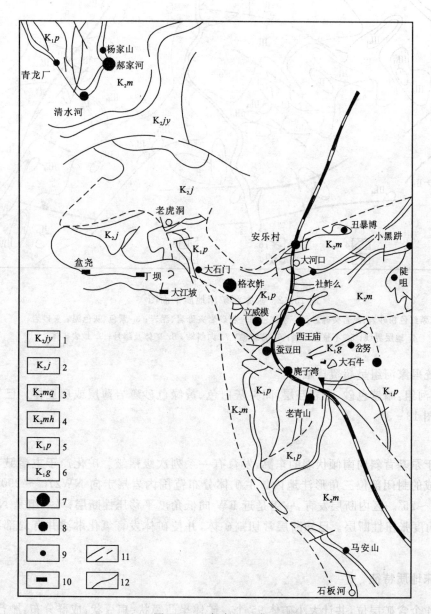

图13-1 郝家河一带地质简图
1. 上白垩统元永井组;2. 上白垩统江底河组;3. 上白垩统马头山组清水河段;4. 上白垩统马头山组郝家河段;5. 下白垩统普昌河组;6. 下白垩统高峰寺组;7. 中型铜矿床;8. 小型铜矿床;9. 铜矿点;10. 煤;11. 断层;12. 地层界线

3)下亚段:紫红色砂岩夹灰色砂岩及紫色泥岩,顶部和底部见多层复矿砾岩,厚15~30m。

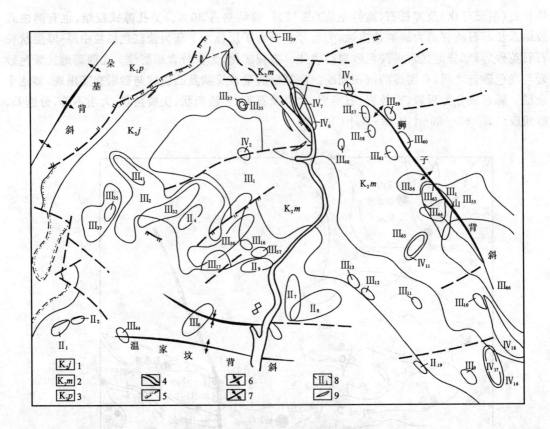

图 13-2 郝家河矿床地质平面图
1. 紫红色粉砂岩、泥岩夹砾岩；2. 紫红色细—粗砂岩夹砾岩、泥岩；3. 紫色、灰色泥岩夹砂岩；
4. 地层界线；5. 不整合界线；6. 背斜轴；7. 向斜轴；8. 矿体及编号；9. 地表矿体

下与下侏罗统冯家河组呈超覆接触。

(3) 冯家河组：暗紫色砂、泥岩互层，间夹灰白色、黄绿色砂砾岩薄层或扁豆体。已知厚度大于 200m(图 13-3)。

2. 构造

矿区位于尕基背斜向南倾伏端的东翼，发育有一系列次级褶皱。矿化产于主褶皱与次级褶皱相互构成的封闭部位三角形洼地内。主矿体分布范围内岩层走向 NW270°~290°，倾向 NE，倾角 10°~25°。区内断层发育，一组是近 EW 向低角度平移压性断层；另一组是 NW 向、EW 向的高角度张扭性断层。已知断层常切割矿体，并使矿体发育氧化淋滤并有局部次生富集。

(二) 矿床地质特征

已知有 4 个含矿层位，共计大小矿体 95 个。矿体呈凸镜状、扁豆状，成群分布，雁行排列。III_1 号矿体最大，延长几千米，宽百余米至几百米，呈带状展布，产状与岩层层理基本一致。局部穿层(图 13-4、图 13-5)。

含矿层内按颜色分为全紫带、浅紫交互带和全浅色带。矿体赋存在浅、紫交互带上，且紧靠下红层。有的矿体产于下红层之上数米的浅色砂岩中，矿体与下红层起伏一致。

界	系	统	组	段	代号	厚度(m)	柱状图	含矿层位	矿床	岩性描述	建造	岩相
新生界	第三系	始新世	香山坡组	泥岩段	$E_1?X$	219.2				紫灰、暗紫色巨厚层细—中粒长石石英砂岩和砖红色泥岩互层	含膏盐红色建造	湖相
中生界	白垩系	上统	赵家店组		K_2z	393.6~1168				紫红、肉红色厚层到块状细—中粒长石石英砂岩和砖红色泥岩及粉砂岩		河流—滨湖相
			江底河组	种子田段	K_1jb	25~96.05		禄丰地区含盐层		紫红色粉砂质泥岩和粉砂岩		极浅湖钠盐湖相
				元水井段	K_1jy	90~120				紫红、棕红色薄—中厚层灰质粉砂岩少许浅绿、黄绿色泥岩有泥砾出现		浅湖碳酸盐湖相
				六苴后山段	K_1jh	58~625				灰紫、棕红色厚层条带状粉砂岩		
				罗苴箐段	K_1jl	100~1000				棕红色泥岩岩类夹有多层黄绿色钙质泥岩或泥灰岩粉砂岩条带		浅湖相
				大村段	K_1jd	30~50		大村团山矿床		灰白、灰绿色细—粗粒砂岩及粉砂质（泥）岩，少量细砂岩夹两层褐黑色沥青质页岩及钙质碳质页岩	含铜红色建造	河湖交替三角洲相
		中统	马头山组	清水河段	K_2mq	20~30				紫红、灰紫色泥质砂岩间夹泥页岩局部地段呈泥质页岩互层		湖相
				郝家河段上亚段	K_2mh	45~60		郝家河清水河鹿子湾等矿床		灰白—紫红色长石石英砂岩为主，夹薄层角砾岩及紫红色页（泥）岩		滨湖—湖相
				郝家河段下亚段		25~60		六苴格衣老山青矿床		紫红色砂岩、砾岩，砾岩夹层不稳，呈砂砾岩扁豆		河湖交替三角洲相
		下统	普昌河组		$K_{1B}p$	212.3~1358				上部紫红色泥质砂岩与泥岩互层，中部紫红色泥岩夹多层灰岩，下部鲜紫红色砂质泥岩		滨湖—浅湖相
			高峰寺组	凹地苴段	$K_{1B}w$	30~60		凹地苴矿床		灰白、灰绿、青灰色厚层长石石英砂岩夹紫红色粉砂岩及砂质泥岩，底部砾质砂岩		河湖交替三角洲相
				者那么段	$K_{1B}z$	300				上部浅灰色长石石英砂岩与紫红色粉砂岩及泥质岩，下部紫红色砂质泥岩及砂岩		浅湖—滨湖相
				美宜坡段	$K_{1B}m$	2~100				浅灰、灰绿色长石石英砂岩，底部黄绿、灰绿色砂质泥岩夹少量粉砂岩		河湖相
	侏罗系	上统	妥甸组	杂色泥岩段	J_3t_2	239~425.3				黄灰、灰绿色及紫红色泥岩夹泥灰岩	湖相	
				紫色泥岩段	J_3t_1	91~1174				紫红色泥岩、砂岩及泥灰岩		
			蛇店组		J_3s	453~1793				紫灰、灰白色厚层长石石英砂岩夹少量紫红色砂质泥岩		河湖相
		中统	张河组	泥岩段	J_2z^2	>689.6				紫红色砂岩、钙质砂岩和泥质粉砂岩为主，夹多层薄层泥灰岩透镜体		浅湖—滨湖相
				砂岩段	J_2z^1	516.7				灰紫色砂岩为主渐变为紫红色长石石英砂岩，夹少量砂质泥岩		浅湖—滨湖相
		下统	冯家河组		J_1f	300~1616				暗紫色、紫红色砂质泥岩、黄绿色、黄绿色砂岩，下部常夹绿色页岩		浅湖—滨湖相
	三叠系	上统	一平浪煤组	舍资段	T_3s	190~1463		神地区云工业煤层		褐黄、灰黑色粉砂岩，灰黑色泥岩，炭质泥岩夹砂岩夹少量煤层	灰黑色含煤建造	河流湖沼相
				干海子段	T_3g	0~1512		一平浪地区工业煤层		灰白色砾岩、砂岩、炭质泥岩互层并夹煤层，向上砾岩渐少以砂岩、粉砂岩为主		河流沼泽相
				普家村段	T_3p	0~2540.6		宝顶工业煤		灰紫灰色厚层砂岩为主，局部含砾夹灰黑色粉砂岩		河床相
			云南驿组	上页岩段	T_3y^3	191~800				黄绿色页岩为主，夹粉砂岩和灰岩条带或透镜体	页岩碳酸盐建造	浅海—滨海相
				灰岩段	T_3y^2					薄层灰岩为主，夹白云岩和页岩		
				下页岩段	T_3y^1					黄绿色页岩为主，夹粉砂岩		

图 13-3 滇中中生代地层综合柱状图

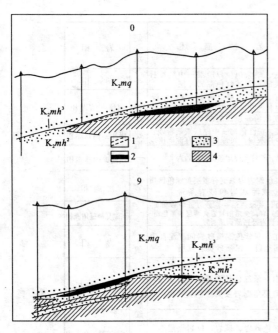

图 13-4 郝家河矿体空间位置与底红层关系图
K_2mq-上白垩统马头山组清水河段；
K_2mh-上白垩统马头山组郝家河段；
1. 原圈定矿体；2. 验证后圈定矿体；3. 浅色层；4. 紫色层

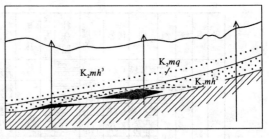

图 13-5 郝家河矿体的空间变化图
（图例说明同图 13-4）

含铜砂、砾岩为青灰色、灰白色，中厚层状，细砂岩为主。碎屑物中石英、长石有明显的次生加大。胶结物中的白云石、方解石部分显再生长结构。

据岩石化学分析资料：浅色层中 SiO_2、Na_2O 略高；紫色层中含 Al_2O_3、TFe、MgO、K_2O、TiO_2 较高；S^{2-}：浅色层比紫色层高 30 倍以上。有机炭含量：浅色层砂岩 0.015%～0.029%；紫红色砂岩 0.012～0.018%。

(三) 矿石组分

辉铜矿为主，蓝辉铜矿、斑铜矿、黄铁矿、黄铜矿次之。有少量铜蓝、镜铁矿、方铅矿、闪锌矿。氧化矿有孔雀石（为主）及蓝铜矿。

伴生元素有银、钼、铅。

矿石呈粒状、交代及胶结结构；浸染状、网状、结核状结构。

镜下鉴定可见金属硫化物充填在碎屑粒间胶结物内，有时在碎屑边缘呈他形粒状结构及溶蚀交代结构。辉铜矿有时为胶结物、胶结石英砂，有时穿入白云石的结晶环带。黄铁矿普遍为斑铜矿、黄铜矿交代，但未见辉铜矿交代黄铁矿。

硫同位素富轻硫，$\delta^{34}S$ 均为负值。

岩相特征：含矿层底部的砾岩，东厚西薄，东粗西细，分选差。含矿层下部的紫色砂岩中长石及粘土较多，有较多水赤铁矿，胶结物以铁泥质为主。发育大型斜层理，部分地段与浅色砂岩间有间断面，顶部有泥裂及侵蚀印模。

含矿浅色层以细砂岩为主，碎屑物中有较多石灰岩、白云岩岩屑。胶结物为白云石及方解石。SW 端红层厚，浅色层薄；NE 端下红层薄，浅色层厚，且泥质物增加。浅色砂岩中平行层理及条带状层理发育。

附滇中断陷盆地上白垩统马头山期岩相古地理简图（图 13-6）。

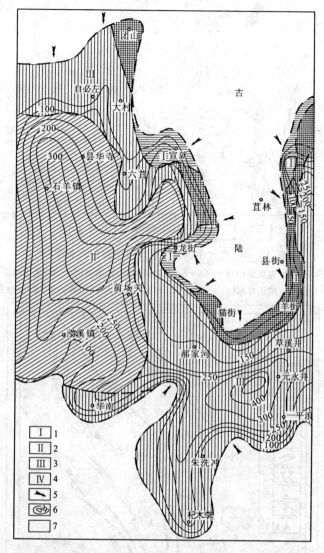

图 13-6 滇中断陷盆地上白垩统马头山期岩相古地理简图
1. 山麓堆积相砾岩、砂岩；2. 山区河流砂岩、砾岩相；3. 河湖交替三角洲相；
4. 湖泊相砂、泥岩；5. 物质来源方向；6. 岩层等厚线；7. 古陆范围

三、广东马口硫铁矿矿床

(一)矿区地质特征

矿床位于广东省英德县境内，大地构造单元属华南加里东地槽系南岭地槽东段，北江复向斜西翼。向西尚有西牛矿田、红岩矿田(图 13-7、图 13-8)。

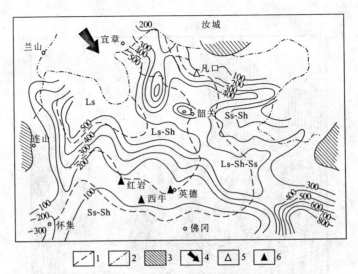

图 13-7 粤北中泥盆世棋梓桥期岩相古地理图

Ls:灰岩相;Ls—Sh:灰岩夹页岩相;Ls—Sh—Ss:灰岩夹页岩、砂岩相;Ss—Sh:老虎坳组砂岩、页岩相;
1.岩相界线；2.沉积等厚线；3.剥蚀区；4.海侵方向；5.铅锌矿床；6.黄铁矿矿床

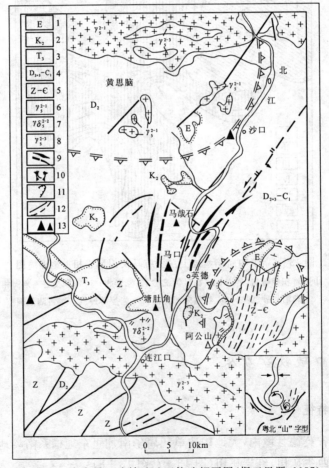

图 13-8 广东马口硫铁矿矿田构造纲要图（据王思源,1987）

1.下第三系；2.上白垩统；3.上三叠统；4.中、上泥盆统-下石炭统；5.震旦-寒武系；6～8.燕山早期花岗岩；
9.背斜轴与向斜轴；10.穹隆；11.不整合界线；12.实测及推测断层；13.矿床与矿点

(二)矿床特征

含矿岩系:矿层主要产于棋梓桥组(D_{2q})中,其次是天子岭组(D_{2t})中(表13-1)。

表13-1 马口硫铁矿矿田地层简表

系	统	组	段	代号	厚度(m)	地 层 简 述
石炭系	中统					缺失
	下统	大塘组	测水段	C_1dc	150~200	上部页岩夹灰岩,下部砂岩与页岩互层。有孔虫,珊瑚及植物化石
			石磴子段	C_1ds	380~440	块状生物灰岩夹薄层泥质灰岩。有孔虫及珊瑚化石
		孟公坳组		C_1m	170~340	页岩,灰岩。腕足类及珊瑚化石
泥盆系	上统	天子岭组		D_3t	700~840	纹层状灰岩,块状灰岩。珊瑚及腕足类化石
	中统	棋梓桥组	上段	D_2q^3		中厚层灰岩,顶部泥岩
			中段	D_2q^2		薄层泥炭质灰岩,局部相变为炭质页岩夹4~6层黄铁矿
			下段	D_2q^1		钙硅质泥岩与白云质灰岩互层。腕足类及珊瑚化石
		桂头组	上段	D_2g^2	300~780	灰白色细粒石英砂岩与灰绿色泥质粉砂岩互层。含黄铁矿。植物化石
			下段	D_2g^1	230~560	白色细粒石英砂岩,底部含砾砂岩,底部宁乡式铁矿
	下统					缺失
前泥盆系				$Z-\epsilon$	>7 000	变质砂岩,绢云母炭质页岩。含黄铁矿

含矿岩系自上而下为:

天子岭组:纹层状灰岩,块状灰岩。

棋梓桥组:

上段:②黄绿色页岩、黑色页岩。为赋矿层。

①中厚层微晶灰岩夹薄层泥灰岩。含石膏,见核形石。

中段:③薄层泥炭质灰岩夹泥岩及炭质页岩。主要赋矿层。

②薄层泥炭质灰岩夹中厚层灰岩,往南相变为生物灰岩、白云质灰岩。含珊瑚、腕足类及核形石。

①厚层—块状灰岩夹薄层泥灰岩,往南相变为白云岩。含石膏,见竹节石、海胆及有孔虫碎片。

下段:③碳质页岩,含黄铁矿。

②白云质微晶灰岩。

①钙质泥岩,薄纹层泥灰岩。

总之,棋梓桥组岩性由页岩(下段)泥炭质灰岩、白云岩、含膏灰岩(中段)页岩(上段)。矿体赋存于该组中段蒸发岩系中,主要矿体产于由泥质白云岩向薄层条带状泥炭质灰岩的过渡部位。一般见有四层矿:

矿上岩系:块状灰岩。

1. 矿层

   炭质页岩、泥岩,顶夹黄铁矿

   层纹状灰岩

   块状黄铁矿(Ⅰ)

   含泥炭质灰岩、页岩

   微层条带状黄铁矿(Ⅱ)

   页岩、含泥炭质灰岩(Ⅲ)

   泥质、白云质灰岩

   角砾状黄铁矿(Ⅳ)

矿下岩系:含泥含膏白云质灰岩

   泥岩夹灰岩

   石英砂岩

~~~~~~~~~~不整合

   千枚岩、片岩含黄铁矿

矿体:层状、似层状、凸镜状及脉状。层状、似层状为主要工业矿体,产状与围岩一致,或有较小交角。矿体特征见表13-2、图13-9。

表 13-2 矿体及矿石特征

含矿层	矿体编号	矿体特征							矿石特征		
		顶板	底板	形状	产状	长度(m)	延深(m)	厚度(m)	矿物成分	矿石构造	S品位(%)
上部含矿层	Ⅰ	白色中粗粒大理岩	灰黑色薄层状含炭质灰岩	层状	255°∠75°	450	410	10	黄铁矿、方解石为主,其次有方铅矿、闪锌矿、白铁矿、黄铜矿、石英、白云母、绢云母	块状角砾状	37.0
中部含矿层	Ⅱ	角砾状大理岩(近矿)、结晶灰岩(远矿)	结晶灰岩(近矿)、条带状灰岩(远矿)	凸镜状	255°∠80°	100	150	2.85		块状	35.55
下部含矿层	Ⅲ	灰白色薄层状灰岩	角砾状大理岩	层状	260°∠85°	500	450	4.20		块状、角砾状、条带状	29.5
	Ⅳ	角砾状大理岩	大理岩、角砾状大理岩	凸镜状	265°∠80°	200	80	2.11		角砾状	17.1

2. 矿石

①原生矿石:金属矿物几乎全为黄铁矿。矿石平均含硫30.53%。微晶—细晶结构,微层

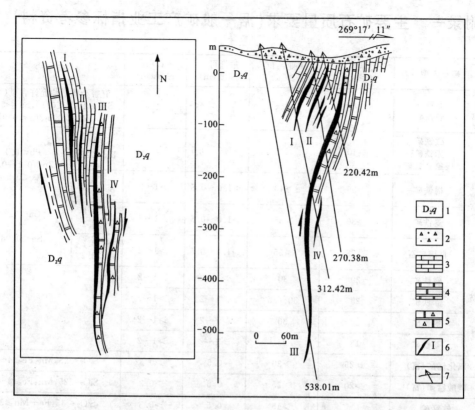

图 13-9 马口硫铁矿矿床矿体分布图（据广东化工地质队资料简编，1980）
1.中泥盆统棋梓桥组；2.冲积、坡积物；3.薄层状含泥炭质灰岩；4.大理岩；5.角砾状大理岩；6.矿体及编号；7.钻孔

条带状构造。见草莓状球粒，粒级层发育。②次生矿石：有闪锌矿、黄铜矿交代微晶—细晶黄铁矿现象。磁黄铁矿、毒砂呈细脉穿插。粗晶结构，交代结构；角砾状、块状构造。③表生矿石：地表为铁帽，下为粉状黄铁矿。烟灰色，品位高达60%。

围岩蚀变：极微弱，有硅化、绿泥石化(?)及碳酸盐化(?)

矿物包裹体测温：黄铁矿爆裂温度为155℃至80℃，其中细粒黄铁矿是155℃；中粗粒黄铁矿是145℃；粗粒黄铁矿为80℃。

硫同位素：$\delta^{34}S$ 集中分布在15.69‰(均值X)附近，与霍尔塞(1966)给出的中泥盆世海水 $\delta^{34}S=17‰$ 相接近。

黄铁矿中 Co/Ni < 1(沉积特征)。

附录一 主要矿石质量要求(据一般矿产工业指标参考资料)

矿种		矿石类型	边界品位 (≥%)	工业品位 (≥%)	最低可采厚度(m)	夹石剔除厚度(m)	备 注
Fe	平炉富矿	赤铁矿 磁铁矿	>50%	>55	>1.0~05	>1~2	有害杂质平均允许含量(%) $S<0.15$,$P<0.15$,$SiO_2<12$, Cu、Pb、Zn、Sn、$As<0.04$;
	高炉富矿	磁铁矿 赤铁矿 假象赤铁矿	>40	>45	>1.0~0.5	>1~2	$S<0.3$ $P<0.25$
		褐铁矿	>35	>40	>1.0~0.5	>1~2	$S<0.3$ $P<0.25$
		菱铁矿	>30	>35	>1.0~0.5	>1~2	$S<0.2$ $P<0.2$
		自熔矿石	>28	>35	>1.0~0.5	>1~2	$S<0.2$ $P<0.2$
	贫矿	磁铁矿	20	30	>1~2	>1~2	$Pb<0.1$ $Zn<0.1$~0.2 $As<0.07$ $Cu<0.2$ $Sn<0.08$
		赤铁矿	25	30~35	>1~2	>1~2	
		褐铁矿	20	30	>1~2	>1~2	
		菱铁矿	18	25	>1~2	>1~2	
Mn		氧化锰矿(富)	≥25	>30	0.5	>0.3	$SiO_2<25$,$Mn:Fe≥4$~8
		碳酸锰矿(富)	≥20	>25	0.5	>0.3	$SiO_2<25$,$Mn:Fe≥4$~8
		铁锰矿		>15	0.5	>0.3	$SiO_2≤35$,$Fe+Mn≥30$
		氧化锰矿(贫)	≥10~15	>20	0.5	>0.3	$SiO_2≤35$;
		碳酸锰矿(贫)	≥8~10	>15	0.5	>0.3	$SiO_2≤35$
Cr		铬铁矿 富 贫	≥20~25 ≥8	≥35~45 ≥10~12	0.8~1.3 0.8~1.3	2~3 2~3	品位计算 Cr_2O_3
Ti		含金红石的榴辉岩和石英脉厚生矿床		TiO_2 3%~4%			
		原生钛磁铁矿床		TiO_2 >8%~10%			
		金红石原生矿		TiO_2 3%~4%			
		金红石砂矿		矿物 $2kg/m^3$			
		含钛铁矿砂矿		矿物 15~$30kg/m^3$			
V		钒的单独矿床		V_2O_5 0.5~0.7			
		含钒钛磁铁矿		V_2O_5 0.25~0.3			
		大型沉积铁矿中		V_2O_5 0.1			
Ni		硫化镍	≥0.2	>0.3	0.8~1.2	2~3	
		硅酸镍	0.5~0.8	>1	0.8~1.2	2~3	

续附录一

矿种	矿石类型	边界品位（≥%）	工业品位（≥%）	最低可采厚度(m)	夹石剔除厚度(m)	备　注
Co	硫化矿	0.02	0.03			
	钴土矿	0.3	0.5	0.3～1		
W	原生钨矿		WO₃ 0.1	0.2～1	2～3	
	砂矿中钨矿		WO₃ 0.2～0.03			
	氧化钨矿		WO₃ 0.05			
Mo	辉钼矿	>0.03	>0.06	1～2	2～4	
Sn	原生锡矿床	≥0.1	≥0.2	0.8～1	≥2	
	砂锡矿床	100～150g/m³	>200g/m³	0.5～1	1～2	
Bi	辉铋矿		0.5			
Cu	硫化矿	0.3～0.5	>0.5	0.8～1.3	2～3	
	氧化矿	0.5～0.7	1.0～1.5	0.8～1.3	2～3	
Pb	硫化矿	0.3～0.5	0.7～1.0	0.8～1.3	2	
	氧化矿	0.5～0.7	1.0～1.5	0.8～1.3	2	
Zn	硫化矿	0.5～0.8	1～2	0.5	>2	
	氧化矿	2	3	1	≥2	
Hg	辰砂	0.04～0.06	>0.08		≥2	
Sb	辉锑矿	≥0.7	≥1.5		2～4	
Au	原生金矿	3g/t	5g/t			储量大于500kg时
	砂金矿	0.1～0.15g/m³	0.2～0.3g/m³			
Ag	伴生在Pb-Zn矿中		10～20g/t			
Pt	超基性岩中的	>1g/t	1.5～3g/t			
	铜-镍矿床中	0.1g/m³	0.2g/t			
	砂铂矿	0.1g/m³	0.2～0.3g/m³			
Ta	含钽伟晶岩		0.01～0.02			
	含钽砂矿		矿物 20～30g/m³			
Nb	原生矿		0.02～0.3			Nb₂O₅
	砂矿		30～50g/m³			矿物
Be	含绿柱石伟晶岩		矿物 1～2kg/t			
	云英岩和石英脉					
	含绿柱石花岗岩		矿物 1～2kg/t			
Li	含锂辉石伟晶岩		物矿 10～15kg/t			
	含锂卤水		LiCl 300～500mg/l			

续附录一

矿种	矿石类型	边界品位（≥%）	工业品位（≥%）	最低可采厚度(m)	夹石剔除厚度(m)	备注
Zi	含锆石砂岩和硷性岩		ZrO_2 5~10			
	锆石砂矿		矿物 3~5kg/m³			
Cs	锆石砂矿		矿物 0.5~1kg/m³			
	含铯光卤石盐湖矿床		Cs_2O 9.01			
Pb	铷锂云母伟晶岩		Rb_2O 0.05~0.1			
	铷光卤石盐湖矿床		Rb_2O 0.03			
Ce	含铈铁矿床		Ce_2O_5 0.5~1%			白云鄂博式铁矿床
	独居石砂矿		矿物 0.5~1kg/m³			
Sr	天青石	矿物 40	矿物 60	1		矿床规模要求1~2万t
U	单铀矿床 综合矿床	U0.03	U0.05 0.01~0.02	0.7	0.7	
P	磷灰岩	P_2O_5≥8	P_2O_5 12~18	0.7~1.5	0.7~1.5	Ⅰ级 P_2O_5≥30% Ⅱ级 P_2O_5 18~30%
S	黄铁矿	S≥8	S≥12	1	≥1	有害组分的最大允许含量 Pb+Zn≤1%；F≤0.03~0.05；As≤0.07~0.5；C<1%
KCl	盐湖钾盐	KCl≥2	固体≥7 卤水≥2	(富矿>12) 0.3 (贫矿 7~12) 0.5	0.5	
NaCl	盐湖固体盐		NaCl≥50	0.3		Ⅰ级86%；Ⅱ级71%~85%；Ⅲ级50%~70%
	岩盐		NaCl 20~30			Ⅰ级86%；Ⅱ级61%~85%；Ⅲ级30%~60%
$CaSO_4$	石膏及硬石膏		>85	0.7~1		
	明矾石	≥20	≥30	2	1	
石灰石	制碱用石灰岩		$CaCO_3$ ≥90	1	1	FeO+AlO≤3-4 $MgCO_3$≤2~3 SiO_2<1
	制尼龙用		$CaCO_3$ 98~96			Mg<1%；SiO_2<1%；Fe_2O_3+Al_2O_3<1%；P≤0.05%；S≤0.1%
重晶石	$BaSO_4$	$BaSO_4$ 10	$BaSO_4$ 38	0.25~1	2~2.5	
CaF_2	萤石		>95~98			
石棉		AA~Ⅶ级 ≥0.40	AA~Ⅶ级 ≥1	0.5~1		石棉分级 AA级纤维长>18mm，Ⅶ级 0.7mm
白云母	工业原料云母	1kg/m³	4kg/m³	1	1	依工业原料云母含矿率
石英	压电石英		1.5~3g/m³			
金刚石	金刚石	1.5mg/m³	2mg/m³	0.6		

续附录一

矿种	矿石类型	边界品位（≥%）	工业品位（≥%）	最低可采厚度(m)	夹石剔除厚度(m)	备 注
硼	硼镁石	B_2O_3 1%	B_2O_3 5%	1	1	
	硼镁铁矿	B_2O_3 1%	B_2O_3 5%	1	1	
	盐湖硼矿	固体：1.5% 卤水：400mg/L	2% 1 000mg/L	0.3	0.6	
石墨	鳞片状石墨	2.5%	<3%	2	1.8	
	隐晶质石墨		65～80			
滑石	滑石	≥30	≥50	1～1.5	1	
菱镁矿	菱镁矿		38～46			MgO 含量

附录二 主要矿产规模要求(据《矿产工业要求参考手册》)

矿种	计算单位	大型	中型	小型	备注
铁矿	矿石 亿t	>1	0.1~1	<0.1	
富铁矿	矿石 亿t	>0.2	0.02~0.2	<0.02	
锰矿	矿石 亿t	>1 000	100~1 000	<100	
铬矿	矿石 万t	>100	10~100	<10	
钛矿	TiO_2 万t	>10	5~10	<5	
钒	V_2O_5 万t	>50	5~50	<5	
镍	Ni 万t	>5	1~5	<1	
钴	Co 万t	>2	0.1~2	<0.1	
钨	WO_3 万t	>4	0.5~4	<0.5	
锡	Sn 万t	>4	0.4~4	<0.5	
钼	Mo 万t	>5	0.5~5	<0.5	
铋	Bi 万t	>4	0.5~4	<0.5	
铜	Cu 万t	>50	5~50	<5	
铅	Pb 万t	>50	5~50	<5	
锌	Zn 万t	>50	5~50	<5	
汞	Hg 万t	>0.1	0.02~0.1	<0.02	
锑	Sb 万t	>10	1~10	<1	
铝	矿石 万t	>1 000	100~1 000	<100	
金	Au t	>10	1~10	<1	
银	Ag t	>100	10~100	<10	
钽	Ta_2O_5 t	>500	100~500	<100	
铌	Nb_2O_5 t	≥5 000	500~5 000	<500	
铍	BeO 万t	>1 000	100~1 000	<100	
锆	ZrO_2 千t	>5	1~5	<1	
锂	Li 矿物 千t	>10	1~10	<1	以氧化物或矿物还可以氯化物计算储量。
镉	Cd t	>1 000	200~1 000	<200	

续附录二

矿种	计算单位	大型	中型	小型	备注
稀土（铈组）	千 t	>10	1～10	<1	
（钇组）	t	>200	50～200	<50	
锶	万 t	>10	5～10	<5	
磷灰岩	万 t	>5 000	500～5 000	<500	
硫铁矿	S 万 t	>1 000	100～1 000	<100	
石膏	万 t	>1 000	100～1 000	<100	
岩盐卤水	亿 t	>1	0.5～1	<0.5	
钾盐	万 t	>1 000	100～1 000	<100	
明矾	万 t	>5 000	1 000～5 000	<1 000	
砷	As 万 t	>1	0.1～1	<0.1	
重晶石	万 t	>50	10～50	<10	
钾长石	万 t	>100	10～100	<10	
云母	万 t	>0.5	0.02～0.5	<0.02	
温石棉	万 t	>100	10～100	<10	
闪石棉	万 t	>5	0.5～5	<0.5	
菱镁矿	亿 t	>1	0.5～1	<0.5	
硼	B_2O_3 万 t	>10	1～10	<1	
萤石	万 t	>50	5～50	<5	
耐火粘土	万 t	>1 500	100～1 500	<100	
滑石	万 t	>50	10～50	<10	
高岭土	万 t	>1000	30～100	<30	
石墨	万 t	>20	100～1 000	<100	
压电石英	t	>100	5～20	<5	
金刚石	万 ct		50～100	<50	

参考文献

曹新志,孙华山等.隐伏矿床(体)找矿前景快速评价的有效方法和途径研究[M].武汉:中国地质大学出版社,2008

陈景河.紫金山铜(金)矿床成矿模式[J].黄金,1999(7)

陈毓川,朱裕生.中国矿床成矿模式[M].北京:地质出版社,1993

陈毓川.阿舍勒铜锌成矿带成矿条件和成矿预测.北京:地质出版社,1996

陈毓川等.中华人民共和国地质矿产部地质专报·四,矿床与矿产·第10号,南岭地区与中生代花岗岩类有关的有色及稀有金属矿床地质[M].北京:地质出版社,1989

成都地质学院矿床学编写组.矿床学[M].北京:地质出版社,1978

程裕淇.中国东北部辽宁山东等省前震旦纪鞍山式条带状铁矿中富矿的成因问题[J].地质学报,1957(2)

池三川,师其政.西藏某铬铁矿成因分析[J].地质科学,1981(4)

戴自希,盛继福,白冶等编著.世界铅锌资源的分布与潜力[M].北京:地震出版社,2005

甘肃省地质矿产局第六地质队.白家咀子硫化铜镍矿床地质[M].北京:地质出版社,1984

桂林冶金地质矿产研究所,四川冶金地质勘探公司601队,四川冶金局901矿.力马河硫化物铜镍矿床研究[M].北京:地质出版社,1974

黄华盛等,铜官山铜矿床的组合特征及成因[J].矿床地质,1985(2)

李厚民,沈远超,毛景文等.焦家式金矿构造-流体成矿作用特征——以胶西北金城金矿床为例[J].大地构造与成矿,2002(4)

李金祥,郭涛,吕古贤.试论胶东西北部金矿化类型及其与构造关系[J].贵金属地质,1999(2)

李文臣.攀枝花钒钛磁铁矿床地质及其成因[J].地质与勘探,1992(10)

刘建中.贵州水银洞金矿床矿石特征及金的赋存状态[J].贵州地质,2003(1)

刘文灿,李东旭.铜陵地区构造变形系统复合时序及复合效应分析[J].地质力学学报,1996(1)

卢焕章,王中刚,李院生.岩浆-流体过渡和阿尔泰三号伟晶岩脉之成因[J].矿物学报,1996(1)

毛景文,李厚民,王义天等.地幔流体参与胶东金矿成矿作用的氢氧碳硫同位素证据[J].地质学报,2005(6)

裴荣富.中国矿床模式[M].北京:地质出版社,1995

汤中立等.中国镍矿床[M].北京:地质出版社,1989

陶维屏,孙祁等.中国高岭土矿床地质学[M].上海:上海科学技术文献出版社,1984

王可南.云南某铜矿床的地质特征及其成因[J].地质与勘探,1972(1)

薛春纪,陈毓川,杨建民等.滇西北兰坪铅锌银铜矿田含烃富CO_2成矿流体及其地质意义[J].地质学报,2002(2)

杨明银,崔彬,魏世昆等.鄂东南徐家山金矿田成因研究[J].地质科技情报,2003(2)

姚凤良,孙丰月.矿床学教程[M].北京:地质出版社,2006
姚凤良,郑明华.矿床学基础教程[M].北京:地质出版社,1983
于方,魏绮英.中国典型矿床[M].北京:北京大学出版社,1997
於崇文,鲍征宇,骆庭川.中华人民共和国地质矿产部地质专报·三,矿床与矿产·第7号,南
    岭地区区域地球化学研究[M].北京:地质出版社,1987
袁见齐,朱上庆,翟裕生.矿床学.北京:地质出版社,1985
曾允孚等.南岭泥盆系层控矿床[M].北京:地质出版社,1987
翟裕生等.鄂东大冶式铁矿成因的若干问题[J].地球科学,1982(3)
张浩勇,郭铁鹰.西藏罗布莎豆荚状铬铁矿的成矿特征[J].西藏地质,1996
赵鹏大,池顺都等.矿产勘查理论与方法[M].武汉:中国地质大学出版社,2001
郑直,吕达人等.中国主要高岭土矿床[M].北京:北京科学技术出版社,1987
朱上庆.层控矿床学[M].北京:地质出版社,1990
朱焱令等.赣南钨矿地质[M].南昌:江西人民出版社,1981
邹天人,徐建国.论花岗伟晶岩的成因和类型划分[J].地球化学,1975(3)
D. P. Cox, D. A. Singer edited. 宋伯庆等译.矿床模式[M].北京:地质出版社,1990